儿童数学
建模的实践探索

陈 利 文 芳 徐 丹／著

ERTONG SHUXUE
JIANMO DE
SHIJIAN TANSUO

电子科技大学出版社
University of Electronic Science and Technology of China Press

·成都·

图书在版编目（CIP）数据

儿童数学建模的实践探索 / 陈利，文芳，徐丹著
. — 成都：电子科技大学出版社，2023.6
ISBN 978-7-5770-0181-4

Ⅰ.①儿… Ⅱ.①陈… ②文… ③徐… Ⅲ.①数学模
型—儿童教育—研究 Ⅳ.①O141.4

中国国家版本馆 CIP 数据核字（2023）第 069732 号

儿童数学建模的实践探索
ERTONG SHUXUE JIANMO DE SHIJIAN TANSUO

陈 利 文 芳 徐 丹 著

策划编辑 万晓桐
责任编辑 刘亚莉 万晓桐

出版发行 电子科技大学出版社
　　　　 成都市一环路东一段159号电子信息产业大厦九楼　邮编 610051
主　　页 www.uestcp.com.cn
服务电话 028-83203399
邮购电话 028-83201495

印　　刷 四川煤田地质制图印务有限责任公司
成品尺寸 170mm×240mm
印　　张 15.25
字　　数 293千字
版　　次 2023年6月第1版
印　　次 2023年6月第1次印刷
书　　号 ISBN 978-7-5770-0181-4
定　　价 48.00元

编 委 会

前 言

QIANYAN

　　《义务教育数学课程标准（2022版）》指出，小学阶段要发展学生的数学模型意识，有别于初中的模型观念。而模型意识主要是指对数学模型普适性的初步感悟。小学生要知道数学模型可以用来解决问题，是数学应用的基本途径；能够认识到现实生活中大量的问题都与数学有关，有意识地用数学的概念与方法予以解释。简而言之，小学数学建模是基于小学生的数学思维运用数学模型解决实际问题的一类综合实践活动。

　　如何引导小学生开展数学建模活动？如何开发小学数学建模资源？如何有效推进小学数学建模教学？如何评价小学数学建模教学水平？这些问题贯穿在儿童数学建模教学活动中。我们尝试在研究中，解决问题与困惑；在学习与反思中，带领不同年级的小学生捕捉生活中的数学问题，开展数学建模活动。

　　在数学建模的"选题"活动中，让小学生从实际情境中发现、提出、阐述问题。在数学建模的"开题"活动中，让小学生在具体解决问题之前，先独立思考、建立解决问题的思路，并通过集思广益改进、完善解决问题的思路。在数学建模的"做题"活动中，让小学生明确"做题"包含三个步骤：首先寻找问题，获得必要的数据，建立数学模型，解决数学问题，得到结果；其次检验模型，即讨论结果与实际需求是否一致，树立不断改进和完善的意识；最后经历数学建模的"结题"，使学生有成果意识，同时学会反思与改进，为将来解决类似问题奠定基础。建立一个数学模型的过程能够让学生举一反三，知道数学模型是解决很多问题的方法和工具。

　　希望通过小学数学建模的教学活动，思考与推进小学数学教育，寻找一条让学生爱上数学、用数学表达与解决现实问题的路径。本书中的一些表达还不够成熟，恳请广大读者批评指正。

　　书中引用的部分文字和图片，由于时间关系未联系上作者，如果涉及版权，请及时与我们联系。

作　者

2023 年 3 月

目　录

MULU

第一篇

选　　题

在真实情境中发现问题,让数学建模进入儿童的学习世界

　　生活，是人们在创造与改造世界的过程中的源泉与动力。孩子们每天置身于自己所处的生活情境，如何用数学的眼光去敏锐地捕捉与发现生活中的问题，需要他们主动走进校园、走进家庭、走进社会。真实的情境中常常有需要学生解决的问题，比如，将剩余物品如何有序整理至仓库，放学时序如何能更优化，校园花圃可以摆多少盆花，如何利用有限场地统筹安排全校的室外体育课，老房加装电梯如何分摊费用。问题一直存在，也需要解决。而我们要善于发现并提出这些问题，要阐述清楚这些问题，要提炼和聚焦这些问题。

　　于教师而言，应走在学生的前面。发现问题之际，教师就能推演问题解决的过程，基于数学学科挖掘问题本质，基于学生视角剖析价值意义。例如，整理仓库的问题就涉及数学中的分类、数量、形状、空间位置等，解决该问题对学生的数感、几何直观、空间观念、数据意识等提升有重要意义；合理分摊老房加装电梯费用的问题，就涉及数学中的平均数、分数、倍数、份数等，解决该问题对学生的运算能力、数据意识、应用意识等提升有重要意义。

　　接下来，我们就走进学校，寻找校园内的问题，跟随仓库整理师的脚步捕捉真实情境中的数学秘密；踏入社会，发现社区中的问题，探寻老房加装电梯的数学思考。

走进学校，寻找校园内的问题

——以"我是仓库整理师"为例

一、聚焦学校真实情境

（一）学校场域

新学期到来，学校采购了大量的书本、体育器材，将其分发至每班后还有剩余物品。其中，剩余的教科书、作业本、学习用具、备用球类闲置在学校一角，既占用学校公共空间，又不利于物品保存。

堆放闲置物品的角落

（二）整理问题

为方便后期全校师生的使用，学校需要整理这些种类繁多、数量不一、大小不同的剩余物品。但学校现在只有一间长而窄的空仓库，如何有序整理物品、合理布局物品位置等是学校要解决的问题。

空仓库

（三）学生兴趣

开学发完新书本后，孩子们发现了学校的一个角落里摆放着很多书本，体育馆也有几筐球从未使用。他们不禁提出疑问：它们要一直放在这儿吗？需要整理吗？整理到哪里去呢？甚至有孩子主动向教师传达意愿："让我们整理一下这些东西吧！"于是，教师和总务处沟通之后，发现总务处正打算将这些剩余书本和备用球类整理至学校小仓库。因此，我们邀请了4个班级各10名学生作为"小小仓库整理师"，共同解决这一问题。

学生清点物品

二、实际问题

（一）核心问题

通过一年级上学期数学和科学的学习，学生已经具备了分类整理的丰富经验。通过实地观察物品和仓库、初步统计数据，学生提出要想办法把这些东西有序地整理到仓库里。经过集体讨论，最终明确要解决的核心问题是如何整理仓库。

（二）关键问题

整理仓库对于孩子们来说是一个"大问题"，我们还需要进一步分析问题，思考整理仓库的相关要素，理解任务目标，并梳理出需要解决的两个关键问题：①如何分类整理？②如何规划储存空间？

（三）数学问题

学生在校园里遇到实际问题后，还应从数学的角度审视问题。我们发现在固定大小的仓库里，影响学生整理各种物品的因素有物品的形状（大小）、数量和摆放的位置等。为了将复杂问题简单化，我们聚焦本质，提炼成数学问题：如何在有限的空间里布局各类物品的位置？

（四）评价标准

在评价标准上，学生提出了"有序"的要求。通过交流讨论，学生认为"有序"表现在摆放和提取两个方面，即不仅要摆放得整整齐齐，还要方便提取。在此基础上，再尽可能地用有限的空间摆更多的物品。

三、价值体现

（一）数学价值

1. 提高分类能力

在整理仓库的过程中，学生将分类知识迁移到实际问题中，挑战更多、更难、更复杂的分类任务。在分类的过程中，学生会遇到更多的分类标准，如物品所属的学科和年级、物品的用途和形状等。通过分类实践活动可进一步提升学生分类整理的能力。

2. 发展空间观念

在设计图纸时，学生要用抽象的几何图形表示具体的物品，画出物品的空间位置及其位置关系；在实践操作时，又要将抽象的图形联系现实情境，指导仓库整理。学生还会将不规则的图形转化为规则的立体图形，如用长方体盒子、收纳筐将不规则的物品装起来。在这个过程当中，学生会认知立体图形的大小、属性、特征，提升几何直观和空间观念。

3. 培养运算能力

学生在整理物品前要明晰有多少种物品、同一种物品有多少个、一个收纳筐能放下多少个篮球等。在清点、计算、比较、统计等过程中可逐渐提高学生的运算能力。

4. 发展数据意识

在设计仓库整理的图纸之前，学生要实地观察，搜集物品和仓库的相关数据，如大小、数量、种类等。学生还要用多种方式表达信息、解释信息、运用信息，甚至发现规律，从而设计出合理的图纸，培养了数据意识。

（二）教育价值

1. 培养有序意识

在数学学习中，"有序"不仅是心理需求的满足，而且是一种良好的学习习惯，更是数学学习的重要内容和根基。要将一堆数量大、种类多、形状不一的物品放进一间空的仓库里，学生要梳理思路、分门别类、清点数量、有序摆放等，培养了有序意识。

2. 发展合作能力

面对整理仓库这个大的问题，学生需要共同商议哪些物品应该放在一起、放在哪个位置、怎样存取，这些问题的解决都不可能凭一人之力完成，也不可能一次就能成功。因此，学生需要群策群力、协商一致、分工操作、共同完善，提高了合作能力。

3. 提高探究能力

作为仓库整理师，学生要先在头脑中构思、在图纸上设计、到实地去检验，经历反复的设计、检验、修改、优化过程，最终才能将方案付诸实践。这个过程学生利用观察、抽象、想象、演示、对比、推理等方法建立模型、优化模型，提高了探究能力。

（三）社会价值

1. 解决学校难题

"如何整理仓库"本身就是基于学校真实情景生成出来的真实问题。所以，整理好仓库能帮助学校解决难题，方便全校师生提取物品，对学校物品的有序化、系统化管理有着重要的现实意义。

2.迁移整理经验

学生在分析问题中建立数学模型，在实际操作中打破原有模型，在调整优化中重塑数学模型，最终形成整理物品的空间模型。当学生遇到相似情境时，如快递站如何整理包裹、超市如何整理货物、如何整理卧室的玩具等，就能迁移整理经验、运用空间模型解决问题。

踏入社会，发现社区里的事情与问题

——以"合理分摊老房加装电梯费用"为例

一、选题缘由：在情境叠加中发现问题

情境1：生活场域

学校是1995年建成的小区的配套学校，小区内多是六七层楼的步梯房，许多学生长期生活的场域就是这个没有电梯的小区，学生和家人每天出行都是依靠楼梯。同时，小区居民又多是老年人，上下楼很不方便。

未加装电梯的老小区

情境2：社区服务

为了方便居民出行，小区所在社区响应国家老房加装电梯的政策，计划在小区实施老房加装电梯。但是，计划安装之前还存在着很多问题，社区邀请学生加入，一起为社区出一份力。

情境3：社会问题

老房加装电梯，不仅是某一个小区所要面临的问题，可以说是老旧小区都

要面临的社会问题。例如，有一则社会新闻报道某小区的居民在老房加装电梯的问题上最关心的就是费用问题，而他们争论的焦点就是费用如何分摊的问题。

我们通过情境叠加，发现交集。首先带孩子们回到生活场域，问他们住在几楼、每天上下楼是什么感受，想想老年人上下楼的情景，通过这些问题来让孩子们思考安装电梯的必要性，这个时候紧接着出示社区的邀请函，孩子们就十分愿意参与到这次活动中来了。但是，又会出现一个问题：学生并不知道他们要做什么、要解决什么问题。这个时候我们再补充上一则社会新闻：某小区居民争论老房加装电梯的费用如何分摊。通过三个情境的叠加，学生逐渐明确了该问题的焦点是如何公平、合理地分摊老房加装电梯的费用。

邀请函

成都市东光实验小学：

　　成都市东光实验小学六年级的同学们，你们好！我是锦江区东湖街道办事处的工作人员，你们所居住的东光小区大多是步梯房，然而居住人员又大多是老人，为了方便居民出行，我们响应国家"老房加装电梯"的政策，计划在东光小区实施老房加装电梯项目。但是计划安装之前还存在着很多问题，社区邀请你们加入，一起为社区出一份力。

社区发出的邀请函

二、明确问题：在学科与实际场景结合中提出问题

经过调查得知安装一部电梯费用在40万元左右，政府补贴20万元，剩下的20万元则分摊到单元住户。

通过假设可以将问题简单化，更清晰地形成基本思路。学生要在总费用一定的基础上，找到每一层楼需要分摊的费用之间的关系，从而求出每一层楼的分摊费用，也就是解决"已知总量，求部分量"的数学问题。

三、价值体现：从多重角度明确项目价值

（一）数学价值

1. 培养数据整理与分析能力

学生在前期通过了解老房加装电梯的相关政策和情况后，确定自己需要搜

集哪些数据，可能包括电梯具体费用、楼层数、住户数等数据，在搜集、整理、分析数据的过程中，培养数据整理与分析能力。

2. 强化运筹思想

因为"合理"的界定是多元化的，所以在建模之前需要对"合理"的原则达成共识，然后在假设的基础上不断对方案进行优化，整个过程会加深学生对运筹概念和思想的理解。

3. 加强数学运算

学生在"合理"原则的基础上，提出各种不同的假设，这些假设涉及对平均数、分数、倍数、份数的理解。同时，最终形成的模型也是代数模型。

4. 培养数学建模思维

学生通过现实提炼数学问题、分析问题、形成假设、构建模型、验证模型的过程，是一个完整的数学建模过程，从而培养学生数学建模思维。

（二）教育价值

1. 培养沟通交流能力

整个项目需要学生走出校园，深入社区，通过与社区居民交流获取信息。所以，学生的沟通对象不再局限于教师和同学，而是从学校这个小社会走入真正的社会，整个过程真实而又充满挑战，学生的沟通交流能力得以提高。

2. 培养主人翁意识

学生所解决的问题本身就是自己所处社区发生的问题，学生解决问题其实是在参与社区决策，为社区服务。因此，学生解决问题的过程会给学生一种强烈的主人翁意识，有利于培养学生热爱社区的感情。

（三）社会价值

1. 解决社区困难

本项目本身是发生在孩子们自己社区的事情，最终形成的成果也是想要为社区里的老房加装电梯提供费用分摊建议。成都主城区有许多老旧房屋，该方案还可以应用于其他老旧房屋加装电梯的费用分摊上。

2. 迁移运用同类型分配问题

学生最终形成的费用代数模型还可以根据实际情况修改参数，然后运用到同类型的关于合理分配的社会问题上。同时，学生们为该问题制定的原则和假设还可以迁移到任意的合理分配问题上。

第二篇

开　题

搭建生活与数学的桥梁,在问题情境中,用数学眼光提炼数学问题,尝试用数学语言表达现实世界北京师范大学数学科学学院的刘来福教授在关于数学应用题与数学建模的讲座中指出："数学建模问题的提出往往是原始的、粗糙的，与数学的应用问题不同，没有经过加工、整理。所需要的数学元素、关系不是浮在问题的表面，有些从表面上看来似乎相当含混，甚至无解，需要我们直面这些问题，深入地挖掘、探索其中的数学元素以及它们之间的关系才能找出解决问题的思路。"因此，我们需要搭建生活与数学的桥梁，用数学眼光提炼数学问题，用数学语言表达现实世界。

首先，我们要从数学的角度审视问题，包括从数学的角度讨论问题的总体目标、分析问题解决的具体任务、预设问题解决受哪些因素影响、对目标的影响因素进行适当量化、提出具体假设、抓住主要因素，从而凸显问题本质。在实际操作中，我们容易混淆数学应用题和数学模型的问题，混淆项目式活动和数学建模活动。然而，数学应用题与数学模型是不同的。刘来福教授说："数学应用题是前人为了更好地掌握数学知识，将真正的实际问题刀砍斧凿地化简、规范，从而形成的除了核心内容之外无须考虑更多因素影响的问题。数学模型的问题是为了真正解决问题而出现的许多必须要面对的，但是在数学中被忽视的问题。"因此，寻找影响因素是数学建模必须经历的过程，要厘清其中的变量和不变量。项目式活动更多体现了跨学科知识，而数学建模活动却建立在数学学科本质之上。因此，我们需要化繁就简，通过提出具体假设简化影响因素，突出数学问题本质。

其次，我们要形成用数学解决问题的思路。在解决具体问题之前，先独立思考解决问题的具体方法是什么、实施步骤是什么，建立解决问题思路；然后集思广益，改进完善解决问题的思路。例如，要进行放学时序优化管理，学生首先要对各班的放学时间、行进路线、放学点位进行调查，然后想办法优化放学整理时间、安排各班错时放学、设计放学行进路线、重新规划班级放学点位等。

下面，我们就进入具体案例，看学生如何聚焦影响因素的变量，思考春游带多少个面包；由表及里，看学生如何捕捉深层奥秘，进行放学时序优化管理；去繁为简，看学生如何开启智慧，估算成都一日游人均预算。

广泛交流，聚焦影响因素的变量

——以"春游带多少个面包"为例

春游活动是我校学生最喜欢、参与度最高的集体活动之一。抓住一年级马上就要开展春游活动的契机，教师在课堂上播放往届一年级学生春游的照片，激发学生的兴趣。当学生还沉浸在去春游的喜悦中时，教师顺势抛出问题：去春游我们需要准备些什么呢？

一、进入情境，发现真实问题

（一）创设情境场，激发兴趣

我们以"去春游我们需要准备些什么呢？"这样的大问题，让孩子们天马行空地自由表达。有的学生说："需要准备吃的，因为我看见照片里的同学在吃东西。"有的学生说："我觉得应该准备野餐垫，不然东西放在地上太不卫生了。"有的学生说："我觉得要准备汽车，不然走太远，太累了。"有的学生说："我觉得需要准备指南针，我怕到了校外会迷路。"还有的学生说："我想准备驱蚊水，我最怕蚊子咬。"孩子们各抒己见。在充分肯定孩子们的各种想法后，通过举手投票的方式，将本节课的问题聚焦到"我们需要为春游准备什么食物"这一关键问题上。（通过我们课前的调研和三轮课的试上以后，发现春游带什么食物是孩子最关心的问题）

（二）角色扮演，聚焦问题

当教师抛出"我们需要为春游准备什么食物"的问题后，第二轮讨论又开始了。有的学生说："我觉得需要准备鸡腿，因为我最喜欢啃鸡腿。"有的学生说："我觉得需要准备水果，刚刚看到照片里有同学在吃水果。"有的学生说："我觉得可以带肯德基，我们都喜欢吃。"有的学生说："我觉得可以带面包，这样最方便。"当孩子们把自己当成班级的小主人充分发表意见后，教师引导学生思考"如果你是家委会成员,你会考虑为春游出行采购哪种食物?"的问题,并开展小组讨论。此时,孩子们沉浸在家委会成员的角色里,思考问题的方向也就发生了改变,会将个人意识转移到公众意识去思考问题。

小组讨论后,我们进行了全班分享,有的学生从食物容易变质的角度,提出不建议带水果;有的学生从营养性上考虑,提出不建议带肯德基;有的学生从方便携带和卫生的角度考虑,提出不建议带鸡腿;有的学生从方便购买、容易携带和大部分孩子的喜好上,提出可以购买面包。这个过程,虽然否定了之前很多孩子天马行空的想法,却引导了孩子们从不同的角度去思考现实的问题。最终,全班达成共识,聚焦问题:春游带多少个面包更合理?

通过前面三个问题,层层深入,逐步形成和明确问题——春游带多少个面包更合理,学生将格局打开,从家委会成员的视角解决问题,将一个复杂的问题逐步明晰。

(三)结合实际,理解难点

考虑到一年级学生的认知水平,教师又引导学生对"合理"一词进行讨论,从而明确"合理"就是要做到够吃、不浪费。如果从家委会去采购面包的角度考虑,那么就是要在够吃、不浪费的前提下,需要多少买多少。

二、指导学生寻找影响因素,提出假设

教师继续让学生扮演家委会成员的角色,明确问题:如果你是负责采购面包的家委会成员,想想要解决"春游带多少个面包更合理"需要考虑哪些方面的问题(影响因素),即解决问题中的重要变量。解决问题的过程就是将生活中的问题,逐步抽象、数学化的过程,搭建了生活和数学的桥梁。

此时,我们仍然采用广泛交流的形式,让孩子们将"我们采购多少个面包?会受哪些方面的影响?"独立写在个人学习单上。

当每个孩子有了自己独立的思考后,我们就开展小组交流:以6人为一个小组,依次发言,再看看大家寻找的影响因素是否具有共同点。

小组交流后,全班围绕"你觉得哪些因素最重要?为什么?"展开讨论。在全班的共同参与下,教师列举全班讨论出的共性的影响因素:人数、面包大小、面包口味、每个人吃多少个面包和花费是多少。

通过个人独立思考、小组共同讨论、全班大讨论,学生既进行了独立思考,又展开了交流讨论,每个学生都能沉浸在解决问题的过程中。

个人学习单

我们采购多少个面包，会受哪些方面的影响？

每个人要吃多少？

———

个人学习单

我们采购多少个面包，会受哪些方面的影响？

一共需要多少钱？每个人吃几个？口味统一。
面包大小？

———

个人学习单

我们采购多少个面包，会受哪些方面的影响？

多了会浪费，少了会吃不饱，所以要考虑要买多少。
还要考虑面包的口味。

学生填写的个人学习单

考虑到一年级学生的认知水平，教师可以通过以下对话（摘抄自课堂实录）帮助学生理解什么是假设。

师：刚刚我们全班共同提出解决"春游需要带多少个面包更合理"的问题需要考虑人数。请问，这里的人数是指全班的总人数吗？（不是）为什么？

生：我觉得人数是指参加春游的人数，班上的同学可能有生病的，还可能有没有时间参加的，所以不是全班总人数。

师：目前人数能确定吗？（不能）要提前准备面包，人数都不知道，该怎么办呢？

生：可以假设为50人。

师：有想法！其实在解决真实问题时，为了使问题简化，我们会把一些条件理想化，数学中我们将其叫作"假设"。同学们，明白什么是假设了吗？
（明白）

师：那你们想假设为多少人呢？为什么？

生：我们想假设为50人，因为我们班有48人，还多2个可以给您和我们赵老师（学生的班主任）。

生：我也想假设为50人，因为50是整十数。

……

师：看来，同学们在做假设的时候，既合理又符合实际。那么，基于我们班的实际情况，我们就假设人数为50人。

当孩子们理解了什么是假设、应该怎样假设以后，教师还可以让学生对花费进行假设。因为学生缺乏相关的生活经验，所以孩子们假设的花费可能差异较大。此时，教师可以简单介绍一下面包的零售价格，并明确提出这个问题对孩子们来说，解决起来有一定的困难。我们就把这次购买面包的花费假设为"管够"——无论最后我们选择哪种面包和购买多少个面包，家委会的钱都够支付。

通过寻找影响因素、理解假设、提出假设，孩子们初步将生活中的现实问题进行剖析，为学生接下来梳理解决问题的思路和进一步解决问题打下坚实的基础。开题就是让学生经历寻找问题中定量与变量的过程，从数学角度解决实际生活中的问题，培养数学思维习惯。

寻找要素，逐步量化做出假设

——"成都一日游人均预算"为例

成都，是一座有着独特文化内涵的城市。

锦江外国语小学校教师基于四年级学生的数学学习经验、综合学科知识，计划开展"成都一日游人均预算"建模活动。活动将成都文化与锦江外国语小学校的特色课程"天府文化系列课程"相结合，有助于学生在具体背景下、丰富情境中开展建模活动。

一、带领学生形成和明确问题

（一）播放视频，进入真实情境

教师在开课时播放成都大运会宣传视频，充分吸引学生注意。当学生被视频中精彩的美食、美景深深吸引时，教师自然而然提出问题：如果你是外国来宾，看到这个视频，你有什么感受？有没有什么想做的？孩子们纷纷发言表达自己的想法。趁着孩子们热情高涨，教师再通过提问引导学生改变思考问题的角度，从蓉城小主人转变为来蓉旅游者进行思考：去旅游前要做什么准备？有的学生说："应该要先制订旅游计划，包括去哪些景点、吃哪些东西等。"有的学生说："还要考虑去成都旅游要坐什么交通工具，是坐飞机去呢还是坐动车去呢？"有的学生说："去旅游还得考虑住在哪里、住多少钱的酒店、住几天。"在学生进行以小组为单位的汇报中发现：四年级学生有着丰富的生活经验，当他们结合实际去讨论旅游需要考虑的因素时，发现因素非常多，但孩子们的发言是具有共同点的，即都会谈到旅游计划的制订和资金的准备。在此环节孩子们各抒己见，互相补充，尽可能多地考虑到了旅行计划中的方方面面，教师都给予肯定，帮助孩子们建立解决问题的兴趣和信心。

（二）明确问题，聚焦问题

在讨论中学生不难发现，需要考虑的因素有很多。因此，教师在充分肯定孩子们的各种想法后，需要帮助他们聚焦问题：既然旅游需要制定计划，那我们进行成都一日游旅行计划的制订要考虑哪些方面呢？当问题聚焦到一日游旅行计划的制订，孩子们开启以小组为单位的头脑风暴。有的学生说："如果只在成都旅游一天，住宿就不用考虑了，但是吃还是很重要的。"有的学生说："除了吃还要去感受成都文化，旅游景点必须去。"有的学生说："只有一天时间，不可能去太多景点，旅游的路线需要提前制定好。"有的学生说："比如你想从建设路美食街去到杜甫草堂，如何去也得进行计划，需要考虑坐什么交通工具去。"有的学生说："不管是吃美食还是坐公交都需要钱，所以资金的准备也相当重要。"随着问题的明确和学生角色代入，在烦琐的问题中，不断排除不重要因素。这么多因素，哪些是制订旅行计划时必须考虑的？在教师的启发下学生进一步明确作为旅行规划师，不仅要设计游览路线，还需要估算出所需要的费用（人均预算）。由此，我们明确核心问题：设计成都一日游的路线及人均预算。

乐游路线

文化路线

校园路线

熊猫生态路线

二、指导学生寻找影响因素，提出假设

（一）分析问题，提炼影响因素

教师展示四条不同的旅游线路，请学生思考计算成都一日游人均预算要考虑哪些方面，并引导学生从多方面思考影响因素，组织学生独立思考并完成学习单。每个孩子独立思考后再进行小组汇总，他们得出的影响因素有交通、景点门票、购物、娱乐项目、游览人数、导游费、医疗费、游览方式（跟团游、自由行）等。

适时启发学生深入思考：计算人均预算时，哪些方面是必须考虑的？请每个小组推选出三个最重要的影响因素，并记录在小组学习单的第一行。再以组为单位交换学习单，将自己小组推选出的不同因素记录在下面几行中，并在相同影响因素后面打"√"。通过三次轮换，梳理出重要的影响因素，并达成共识。同学们认为重要的三个因素是门票费、交通费、游览人数。

小组学习单

A1	A2	A3
B1	B2	B3
C1	C2	C3

注：字母代表不同的小组，数学为每个小组选择的三个重要因素。

（二）逐步量化，提出假设

梳理出重要的影响因素后可发现，有些因素不确定，还是不能解决问题，因此需要引导学生提出假设。教师提问："交通工具和团队人数都不确定，你有什么办法让这个问题更好解决？"有学生会说："如果团队人数是固定的，比如4个人，问题就变得简单了。"根据前面同学的启发，后面同学想到确定交通工具的类型，并且可以有不同的搭配，他们说："假设人数是8人，可以乘坐中巴车；如果是4人，可以乘坐小轿车。这样可以满足不同团队的舒适度要求，费用也会不同。"学生在讨论的过程中体会到只有让不确定的因素确定下来，问题就好解决。教师适时小结："同学们真有办法，当不确定的因素比较多时，就可以通过假设让问题变简单。"

通过讨论，确定假设人数为8人，全程使用同一种交通工具，如公交、地

铁、网约车。不同交通工具的选择会产生不同的费用，游客可从时间、便利、环保、经济各方面选择出行方式。

接下来教师发布课后任务，学生以小组为单位分别搜集、整理相关资料，为计算"成都一日游人均预算"做好数据准备。

小组现场汇报

化繁为简，明确解题思路

——以"学校放学时序优化管理"为例

基于我校学生多，校门口的人行道和马路都比较窄，每天下午放学的时段，交通非常拥挤，对学生的安全造成了一定隐患。因此，需要合理优化错时放学的方案来缓解拥堵。要想解决这个问题，学生需要分析问题，找到影响放学时序的影响因素，思考其中的联系，明确解决问题的思路。

一、理解问题，提炼影响因素

（一）解释关键词，明确问题

根据学生的想法发现学校放学时序需要进行优化管理，对其中的关键词进行解释。前期调查中发现二年级学生太小，为了便于学生理解，所以先提出学生能明白的问题：怎样才能让我们的放学过程变得更加文明、有序、安全？

（二）分析问题，提炼影响因素

在解决"怎样才能让我们的放学过程变得更加文明、有序、安全呢？"这个问题的过程中，引发学生思考可以通过我们的哪些行动改善拥堵，自然而然地引导学生在全班交流讨论中找到影响拥堵的主要原因，并用关键词语概括。

学生课堂展示

学生需要根据每天放学的观察，总结出造成放学时段拥堵的原因。小朋友们为了解决这个问题，全班进行了头脑风暴，得到了很多缓解拥堵的办法。

在前期的调查过程中发现，造成放学拥堵的主要影响要素为：

①各班的放学时间——放学从17：30开始，家长集中接送，学生随机放学，等待的家长越多道路越拥堵。

②行进路线——目前放学时各班行进路线比较混乱，在楼道上也会出现拥堵，浪费大量时间。

③放学点位——本校区共两个年级有36个班，放学点位没有依据放学时间和行进路线进行细致划分，只是依据大概区域和班级简单划分，造成了接送时候的拥堵。

二、思考联系，明确解题思路

（一）抓住主要因素，提出假设

假设1：各班有序排队，做到放学时间细化和固定。
假设2：各班放学的行进路线固定。
假设3：各班放学点位也固定。
（不考虑行进速度、队伍长度等其他班级管理因素影响）

（二）形成基本思路，设计解决方案

通过假设将问题简化，更清晰地形成基本思路，可以用统计知识、图形知识等解决放学时段交通拥挤问题。

学生小组设计方案，按思路进行分类，大体分为四类：
①优化放学整理时间。
②实现各班级错时放学。
③根据放学时间、班级位置、放学点位确定放学行进路线。
④增加放学点位并重新规划每个班级的点位。

（三）反思问题解决思路和方案的适切性

反思问题提出、解决的全过程，从真实情境提炼实际问题，形成用数学思维解决问题的思路和方案，判断用统计知识、图形知识等解决这个实际问题是否恰当，最终发现解决问题的方案是可行的。

三、课后调查

由于二年级学生认知还处于发展阶段，对于缓解交通拥堵的方法还不够成熟，课题组教师积极讨论，让家长们也参与其中。最终，以"告家长书"的形式将我们的活动意图及所需要的帮助告诉家长。家长利用周末时间和孩子们一起调查研究、学习思考，最终以演示文稿、文档、手写信、数学小报等形式呈现出来。

（一）各班放学整理时间、行进路线情况调查

学生对本校二年级各个班级放学整理时间、行进路线进行调查统计，并统计通过每条行进路线的班级数量。

二年级教学整理时间统计表

班级	一周放学整理时间平均值	班级	一周放学整理时间平均值
二年级 1 班	10 分钟	二年级 10 班	8 分钟
二年级 2 班	8 分钟	二年级 11 班	10 分钟
二年级 3 班	4 分钟	二年级 12 班	11 分钟
二年级 4 班	5 分钟	二年级 13 班	10 分钟
二年级 5 班	4 分钟	二年级 14 班	7 分钟
二年级 6 班	6 分钟	二年级 15 班	6 分钟
二年级 7 班	9 分钟	二年级 16 班	9 分钟
二年级 8 班	4 分钟	二年级 17 班	7 分钟
二年级 9 班	10 分钟	二年级 18 班	10 分钟

①中华楼侧门—学校侧门
②融汇梯出口—学校侧门
③四海梯—学校正门
④融汇梯出口—学校正门
⑤中华梯—学校正门
⑥中华梯—学校侧门
⑦融汇梯—学校侧门
⑧中华楼正门—学校侧门
⑨融汇梯—学校正门

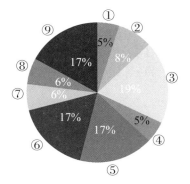

放学进行路线班级数量百分比

（二）各班放学行进时间调查

学生还需要进行二年级各个班级放学行进时间的调查。分析所列出的表内数据，放学行进路线与放学行进时间成正比，行进路线越长，行进时间也越长。

二年级放学行进时间统计表

班级	一周放学行进时间平均值	班级	一周放学行进时间平均值
二年级1班	5分钟	二年级10班	5分钟
二年级2班	5分钟	二年级11班	5分钟
二年级3班	5分钟	二年级12班	6分钟
二年级4班	4分钟	二年级13班	6分钟
二年级5班	2分钟	二年级14班	6分钟
二年级6班	3分钟	二年级15班	6分钟
二年级7班	6分钟	二年级16班	7分钟
二年级8班	7分钟	二年级17班	7分钟
二年级9班	5分钟	二年级18班	6分钟

第三篇

做　　题

面向现实世界做一个思考的行动者，在问题解决和过程迭代
的实践中，不断求解和检验模型

　　思考和实践都是学习的基本路径。数学建模中的"做题"是指在"开题"之后，对整个解决问题的过程有了初步思考并形成基本解题思路之后，进入真正解决问题的环节。让学生将思路转换为实际行动，将数学知识、方法和思维运用于每个解题步骤，是建模的重要阶段，包括以下三部分。

　　首先，学生需要获得基本数据，为建立和求解模型奠定基础。有效的数据信息是解决问题的前提。学生通过查阅资料、实地观察、访谈等方式搜集数据，并通过整理、分析数据提炼出有效信息。

　　其次，学生需要求解数学模型。求解的过程就是实践的过程，按照预定的步骤检验不同的方案，提炼出解决问题的数学知识与方法、数学模型或结论。

　　最后，学生需要检验数学模型，即讨论数学结果与实际问题需求的一致性，树立不断改进和完善的意识。模型检验并不意味着再解决一遍问题，而是根据实际反思假设、思路等，在检验的过程中发现问题、优化方法和模型，从而获得最优解。如果通过实践能很好地解决问题，则说明符合实际，模型由此建立。但如果在解决问题的过程中遇到了困难或阻碍，则说明不符合实际，需要再调整教学模型。对模型的检验有时并不止一次，而要根据真实情况来调整，最后形成较完善的数学模型。

　　下面，我们来看学生如何在规划中优化，在检验中求解，解决校园花圃可以摆多少盆花的问题；看学生如何具象数与形，在模拟中逐渐解决在校园空地上泊车规划的问题；看学生如何在对比中找规律，在归纳中寻共性，解决需要多少间功能室的问题；看学生如何结合学与思，采用多种方法，解决利用有限场地统筹安排室外体育课的问题。

规划中优化，得到基本数据

——以"校园花圃可以摆多少盆花"为例

　　校园环境对学生有着潜移默化的影响。加强校园环境建设，发挥其对学生的积极影响，让学生在优美校园环境中感受美、发现美。学校小操场有6个花圃，过了一个假期，花圃里的花有一些已经枯萎，学校预购进新花苗装扮花园，以崭新的面貌迎接新学期。引入真实生活情境，通过学生的交流、讨论，逐步抽象出数学问题，明确本次数学建模的主题——校园花圃可以摆多少盆花。

一、指导学生寻找影响因素、提出假设

（一）观察学校小操场花圃的布局及特点

　　学校小操场共有6个花圃，每个花圃形状、布局一致。花圃的形状为长方形，中间有一棵大树，占地形状为圆形。知道6个花圃大小一样，花圃中间树的位置也一样，所以只需要计算出1个花圃能摆多少盆花，就能得出6个花圃能摆多少盆花。

学校小操场的花圃

（二）思考花盆数量和哪些因素有关

学生给出影响花盆数量的因素主要有：花盆的大小、花盆上延的面积、大花坛的面积、树的面积、花盆摆放方式等。

（三）提炼起决定性作用的影响因素

将学生想到的影响花盆数量的因素进行分析对比，并逐一讨论，提炼出起决定性作用的影响因素，并构建学习任务单的框架。学生总结的影响因素有：花圃的面积、花圃中间树的占地面积、花盆的大小及摆放方案。

（四）思考哪些影响因素解决起来有困难

第一，树的占地形状是圆形，但我们没有学过圆的面积的计算方法。
第二，花盆的形状也是圆形，但我们没有学过圆的面积的计算方法。
第三，花盆里的花会长大，如果摆得太近，就没有生长空间了。
第四，测量和计算的过程中有小数，但我们还没学过小数的除法。
……

（五）简化问题，提出假设

假设1：将树的占地形状看作正方形。
假设2：将花盆的占地形状看作正方形。
假设3：将测量出的花盆边长加5 cm，作为花盆与花盆之间的间隔及花苗长大的空间。
假设4：直接取整，余数作为间隔处理。
……

（六）完成学习任务单

最后，需要填写学习任务单，总结解题过程。

花圃中花盆摆放数量和什么有关呢？	影响因素有哪些？如何假设？ 1. _____ 2. _____ 3. _____ 4. _____ 5. _____

关于影响花盆数量的学生学习单

二、指导学生梳理解决问题的思路

学生想要学会建模，必须先对需要建模的对象有清晰的认识，这样才能发现事物内在的联系和规律，采用合适的数学知识进行模型的构建。因为学生是首次接触数学建模，所以最重要的是在开始前理清解决问题的思路。

首先，教师可以问学生打算如何解决这个问题。然后，学生进行独立思考、小组讨论和全班的头脑风暴。这时，学生给出的答案可能是碎片化不连贯的，教师就可以根据学生的分享，带领学生一起提炼出解决问题的思路。最后，得出解决问题的步骤：第一确定影响因素；第二测量相应数据；第三设计摆放方案；第四尝试计算，并运用抽象思维建立模型；第五进行模型检验。只有先把解决问题的思路理清楚，在前期初步形成建模的思路，才能让学生大致感知整个建模流程，知道自己要做什么、如何做，才能在建模的过程中对解题思路进行优化与完善，在检验过程中更好地进行反思与总结。

三、指导学生搜集数据并进行小组研究

在前期梳理解题思路的过程中，我们已经讨论出影响本次建模的主要因素。接下来，就需要指导学生搜集数据，其过程大致分为：确定要素→实地测量→汇报分享→相互质疑→统一数据。

（一）确定要素

学校小操场共有6个花圃，每个花圃形状、布局一致，中间都有一棵大树，所以只需观察1个花圃。影响花盆数量的主要因素有花圃的形状和大小、花盆的形状和大小、中间树的占地大小。根据这些主要因素，我们可以确定需要的数据：花圃为长方形，需要测量其长和宽；大、小花盆为圆形，需要测量其边长（将花盆的形状看作正方形）；花圃中大树的占地形状是圆形，需要测量其占地的边长（将大树的占地形状看作正方形）。

（二）实地测量

确定要素之后，就需要进行实地的测量。学生以小组为单位进行测量，并记录数据。

学生测量并搜集数据

（三）汇报分享

每个小组都需要向全班同学分享小组的测量结果。

（四）相互质疑

在分享过程中，我们发现每个小组测量的数据不完全相同，此时，教师并不需要过多干预，只需要引导学生就此展开讨论：为什么出现这样的情况？怎样处理？可以不处理吗？提高了学生分析与思辨的能力。在交流中，学生提到导致结果不一致的原因有：

①测量工具的使用不规范，如没有对齐0刻度线。

②测量的位置不准确，如花盆的数据差异较大，有些小组测量的是花盆上沿最宽处的长度，有些小组测量的是花盆底的长度。

③对小数的处理方式不同。

通过学生的质疑与互动，最后得出统一数据以便后续的计算与检验。还需考虑到花盆与花盆之间的间隔、鲜花的生长空间等。

（五）统一数据

最后，需要将数据进行统一。例如，测量时的小数我们直接"进1取整"，花盆需要测量其上沿最宽处的长度，花盆与花盆之间还需要留有间隔，并且需要再加几厘米留作花的生长空间，统一加5 cm。

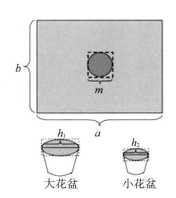

测量结果：

1. 花圃的长：$a=$ _____223 cm_____

2. 花圃的宽：$b=$ _____142 cm_____

3. 树的边长：$m=$ _____35 cm_____

4. 大花盆的边长：$h_1=$ _____20 cm_____

5. 小花盆的边长：$h_2=$ _____15 cm_____

大花盆　　　　小花盆

学生填写的关于测量数据的学生学习单

四、指导学生建立模型

以生为本的课堂，就是要让学生经历挖掘数学知识的过程，让学生在自主探究中建构模型，这就要求学生清楚知识形成的过程，只有在不断的总结中才能理清数学知识的精髓，从而顺利构建结构化知识体系。

（一）设计摆放方案

请学生思考设计花盆摆放方案，并在学习单上画一画。

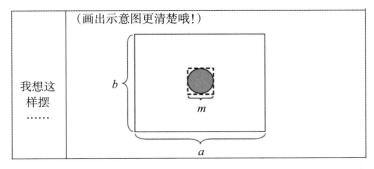

关于花盆摆放方案的学生学习单

（二）分享摆放方案

分享摆放方案，在分享过程中了解多种方案，以及由不同方案带来的不同计算方法及结果。以下是部分学生的摆放方案。

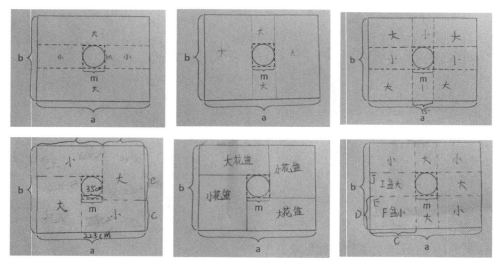

部分学生的花盆摆放方案

因为每个学生设计的方案有所不同，同一小组的成员的方案可能也有所不同。因为，学生更多的是自己算自己的，没有进行充分的讨论和交流。为了更好地进行小组讨论，方案类似的学生自动形成新的小组（小组人数不超过5人），便于后续在计算过程中交流。

（三）尝试计算

学生根据先前设计的摆放方案独立思考，尝试求出花盆的数量。然后，在新的小组内进行分享、交流。小组内的方案相同，能更快地发现不同算法或是计算有误的地方，使得分享更为高效。

教师指导学生根据方案进行计算

（四）汇报交流算法

以小组为单位进行分享，说一说计算的思路、过程与结果。

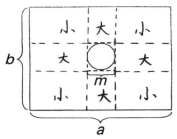

先算出花圃总面积，减去树的面积，算摆小花盆的长宽，再算横着摆大花盆的长宽，再算出竖着摆大花盆的长宽，再算所有摆大小花分别的面积，再把分别的面积各除以各个地方摆的花的种类，求出摆多少盆。

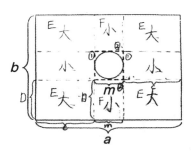

$(a-m) \div 2 = C$
$C \div h_1 = C$ 边可以摆的花盆数
$(b-m) \div 2 = D$
$D \div h_1 = D$ 边可以摆的花盆数
C 边可以摆的花盆数 × D 边可以摆的花盆数 = E 可以摆的花盆数
$D \div h_2 = D$ 边可以摆的花盆数
$m \div h_2 = m$ 边可以摆的花盆数
D 边可以摆的花盆数 × m 边可以摆的花盆数 = F 可以摆的花盆数
$C \div h_2 = C$ 边可以摆的花盆数
$m \div h_2 = m$ 边可以摆的花盆数

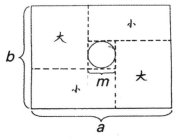

先求小：$(a-m) \div 2 + m = $ 小长
　　　　$(b-m) \div 2 = $ 小宽
　　　　小长 $\div h_2 = $ 花盆数（长）（小）
　　　　小宽 $\div h_2 = $ 花盆数（宽）（小）
　　　　花盆数（长）（小）× 花盆数（宽）（小）= 花盆数（小）
求大：$(b-$ 小宽 $= $ 大长
　　　　$a-$ 小长 $= $ 大宽
　　　　大长 $\div h_1 = $ 花盆数（长）（大）
　　　　大宽 $\div h_1 = $ 花盆数（宽）（大）
　　　　花盆数（长）（大）× 花盆数（宽）（大）= 花盆数（大）

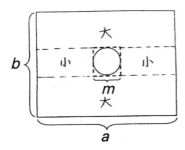

$$大花盆数量 = (b-m) \div 2 \times a \div (h_1 \times h_1) \times 2$$
$$小花盆数量 = (a-m) \div 2 \times m \div (h_2 \times h_2) \times 2$$

学生填写的关于计算的学生学习单

（五）提炼抽象模型

根据不同算法和大小花盆摆放的不同选择，学生有很多种方案，需要学生一起对方案中的模型进行提炼与抽象。下面将介绍不同的计算方法。

1. 按面积计算

（1）大小花盆交叉摆放

①将花圃如下图分为4块（阴影部分），其中上下两块摆大花盆，左右两块摆小花盆。

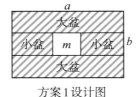

方案1设计图

花盆数量：

大花盆数量 = $a \times (b-m) \div (h_1 \times h_1)$

小花盆数量 = $m \times (a-m) \div (h_2 \times h_2)$

②将花圃如下图分为4块，其中上下两块摆小花盆，左右两块摆大花盆。

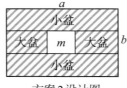

方案2设计图

花盆数量：

大花盆数量=$m×(a-m)÷(h_1×h_1)$

小花盆数量=$a×(b-m)÷(h_2×h_2)$

③将花圃如下图分为4块，其中上下两块摆小花盆，左右两块摆大花盆。

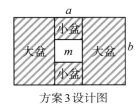

方案3设计图

花盆数量：

大花盆数量=$b×(a-m)÷(h_1×h_1)$

小花盆数量=$m×(b-m)÷(h_2×h_2)$

④将花圃如下图分为4块，其中上下两块摆大花盆，左右两块摆小花盆。

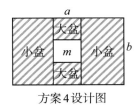

方案4设计图

花盆数量：

大花盆数量=$m×(b-m)÷(h_1×h_1)$

小花盆数量=$b×(a-m)÷(h_2×h_2)$

⑤将花圃如下图分为9块，由上到下、由左到右依次标记为第1块到第9块，第1、3、6、8块摆大花盆，第2、4、5、7块摆小花盆。

方案5设计图

花盆数量：

大花盆数量=$[(a-m)÷2×(b-m)÷2]÷(h_1×h_1)×4$

小花盆数量=$[(b-m)÷2×m]÷(h_2×h_2)×2+[(a-m)÷2×m]÷(h_2×h_2)×2$

⑥将花圃如下图分为9块，由上到下、由左到右依法标记为第1块到第9块，第1、3、6、8块摆小花盆，第2、4、5、7块摆大花盆。

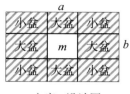

方案6设计图

花盆数量：

大花盆数量=$[(b-m)÷2×m]÷(h_1×h_1)×2+[(a-m)÷2×m]÷(h_1×h_1)×2$

小花盆数量=$[(a-m)÷2×(b-m)÷2]÷(h_2×h_2)×4$

⑦将花圃如下图分为4块，左上和右下两块摆大花盆，左下块和右上两块摆小花盆。

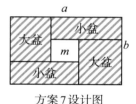

方案7设计图

花盆数量：

大花盆数量=$[(b+m)×(a-m)÷2]÷(h_1×h_1)$

小花盆数量=$[(a+m)×(b-m)÷2]÷(h_2×h_2)$

⑧将花圃如下图分为4块，左上和右下两块摆小花盆，左下块和右上两块摆大花盆。

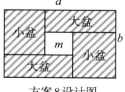

方案8设计图

花盆数量：

大花盆数量=[$(a+m)\times(b-m)\div2$]÷$(h_1\times h_1)$

小花盆数量=[$(b+m)\times(a-m)\div2$]÷$(h_2\times h_2)$

（2）只摆放一种花盆

学生还可以选择同样分法下只摆大花盆或者只摆小花盆，方案多种多样，计算结果也有所不同。

①只摆放大花盆

将花圃如下图分别分为几块，全摆大花盆。

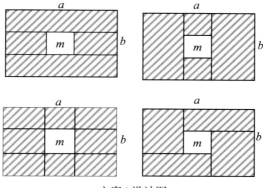

方案9设计图

大花盆数量=$(ab-m^2)\div(h_1\times h_1)$

②只摆放小花盆

将花圃如下图分别分为几块，全摆小花盆。

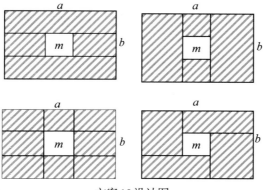

方案10设计图

小花盆数量$=(ab-m^2)\div(h_2\times h_2)$

2. 按边长计算

（1）大小花盆交叉摆放

①将花圃如下图分为4块，其中上下两块摆大花盆，左右两块摆小花盆。

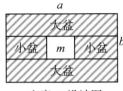

方案11设计图

花盆数量：

大花盆数量$=(a\div h_1)\times[(b-m)\div h_1]$

小花盆数量$=(m\div h_2)\times[(a-m)\div h_2]$

②将花圃如下图分为4块，其中上下两块摆小花盆，左右两块摆大花盆。

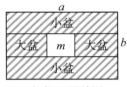

方案12设计图

花盆数量：

大花盆数量$=(m\div h_1)\times[(a-m)\div h_1]$

小花盆数量$=(a\div h_2)\times[(b-m)\div h_2]$

③将花圃如下图分为4块，其中上下两块摆小花盆，左右两块摆大花盆。

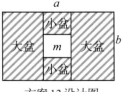

方案13设计图

花盆数量：

大花盆数量$=(b\div h_1)\times[(a-m)\div h_1]$

小花盆数量$=(m\div h_2)\times[(b-m)\div h_2]$

④将花圃如下图分为4块，其中上下两块摆大花盆，左右两块摆小花盆。

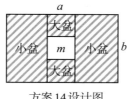

方案14设计图

花盆数量：

大花盆数量$=(m \div h_1) \times [(b-m) \div h_1]$

小花盆数量$=(b \div h_2) \times [(a-m) \div h_2]$

⑤将花圃如下图分为9块，由上到下、由左到右依次标记为第1块到第9块，第1、3、6、8块摆大花盆，第2、4、5、7块摆小花盆。

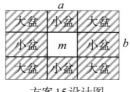

方案15设计图

花盆数量：

大花盆数量$=[(a-m) \div 2 \div h_1] \times [(b-m) \div 2 \div h_1] \times 4$

小花盆数量$=[(m \div h_2) \times (b-m) \div 2 \div h_2] \times 2 + [(m \div h_2) \times (a-m) \div 2 \div h_2] \times 2$

⑥将花圃如下图分为9块，由上到下、由左到右依次标记为第1块到第9块，第1、3、6、8块摆小花盆，第2、4、5、7块摆大花盆。

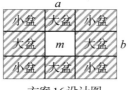

方案16设计图

花盆数量：

大花盆数量$=[(m \div h_1) \times (b-m) \div 2 \div h_1] \times 2 + [(m \div h_1) \times (a-m) \div 2 \div h_1] \times 2$

小花盆数量$=[(a-m) \div 2 \div h_2] \times [(b-m) \div 2 \div h_2] \times 4$

⑦将花圃如下图分为4块，左上和右下两块摆大花盆，左下块和右上两块摆

小花盆。

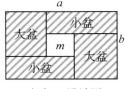

方案17设计图

花盆数量：

大花盆数量$=[(a-m)\div h_1]\times[(b+m)\div h_1]$

小花盆数量$=[(b-m)\div h_2]\times[(a+m)\div h_2]$

⑧将花圃如下图分为4块，左上和右下两块摆小花盆，左下块和右上两块摆大花盆。

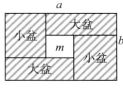

方案18设计图

花盆数量：

大花盆数量$=[(b-m)\div h_1]\times[(a+m)\div h_1]$

小花盆数量$=[(a-m)\div h_2]\times[(b+m)\div h_2]$

（2）只摆放一种花盆

①只摆放大花盆

a.将花圃如下图分为4块，全摆大花盆。

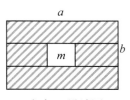

方案19设计图

大花盆数量$=(a\div h_1)\times[(b-m)\div h_1]+(m\div h_1)\times[(a-m)\div h_1]$

b.将花圃如下图分为4块，全摆大花盆。

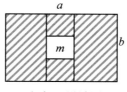

方案20设计图

大花盆数量$=(b÷h_1)×[(a-m)÷h_1]+(m÷h_1)×[(b-m)÷h_1]$

c. 将花圃如下图分为9块，全摆大花盆。

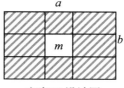

方案21设计图

大花盆数量$=[(a-m)÷h_1]×[(b-m)÷h_1]+(m÷h_1)×[(b-m)÷h_1]+(m÷h_1)×[(a-m)÷h_1]$

d. 将花圃如下图分为4块，全摆大花盆。

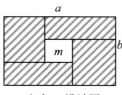

方案22设计图

大花盆数量$=[(a+m)÷h_1]×[(b-m)÷2÷h_1]+[(b+m)÷h_1]×[(a-m)÷2÷h_1]$

②只摆放小花盆

a. 将花圃如下图分为4块，全摆小花盆。

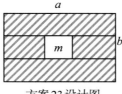

方案23设计图

小花盆数量$=(a÷h_2)×[(b-m)÷h_2]+(m÷h_2)×[(a-m)÷h_2]$

b. 将花圃如下图分为4块，全摆小花盆。

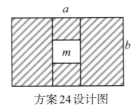

方案24设计图

小花盆数量=$(b÷h_2)×[(a-m)÷h_2]+(m÷h_2)×[(b-m)÷h_2]$

c. 将花圃如下图分为9块，全摆小花盆。

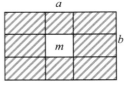

方案25设计图

小花盆数量=$[(a-m)÷h_2]×[(b-m)÷h_2]+(m÷h_2)×[(b-m)÷h_2]+(m÷h_2)×[(a-m)÷h_2]$

d. 将花圃如下图分为4块，全摆小花盆。

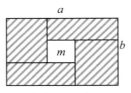

方案26设计图

小花盆数量=$[(a+m)÷h_2]×[(b-m)÷2÷h_2]+[(b+m)÷h_2]×[(a-m)÷2÷h_2]$

需要说明的是，在提炼模型的过程中，我们将能够进行组合计算的图形组合在一起计算，但这样可能会导致原本不够除的数字，拼在一起就够除了，因此会产生一定的误差。在这一阶段我们先将误差忽略不计，在最后模型检验与反思的过程中再进行讨论与解释。

方案不同，计算的方法也有所不同。但无论怎样，我们可以从学生计算求解的过程中发现方法中的共性，最后抽象出两种大模型：

①按面积计算：

花盆数量=花圃的面积÷花盆的面积=$(a×b)÷(h×h)$

②按边长计算：

花盆数量=(花圃的长÷花盆的边长)×(花圃的宽÷花盆的边长)−(树的边长÷花

盆的边长)×(树的边长÷花盆的边长)=(a÷h)×(b÷h)−(m÷h)×(m÷h)

在学生汇报时，我们发现大部分学生小组是用花圃的面积除以花盆的面积进行计算，即用大面积除以小面积的方式进行计算，只有两个小组是用边长进行计算的。有部分学生产生了这两种方法哪种更好的疑惑，这时教师不需要做出评价，只需要请学生在后续的模型检验过程中通过自己的发现得出答案。

五、指导学生进行检验

学生计算出花盆数量后，则需要进行检验。那么如何检验呢?

（一）设计检验方案

检验方法主要有以下三种:

①画图。按比例在纸上画出花圃的简图，再分别画出每一块所需的大花盆数量和小花盆数量。

②模拟场景。将教室中的桌椅拉开，按比例划分部分区域作为花圃，再用纸张代替花盆来摆一摆。

③实景演练。按设计方案将花圃分区后，实地摆放花盆，看每块区域摆放的花盆数量是否与计算一致。

（二）模型检验

每个小组选择一种检验方式检验模型，下面主要介绍两种典型的方案实施过程。

1.画图检验模型
按比例画出花圃的简图，再分别画出每一块所需的大花盆数量和小花盆数量，最后得出模型正确。

学生算式：
223－35＝188(cm)
188÷2＝94(cm)
142－35＝107(cm)
107÷2≈53(cm)（取整）
大：94÷20≈4（盆）（取整）
53÷20≈2（盆）（取整）
2×4＝8（盆）
小①：94÷15≈6（盆）
35÷15≈2（盆）
2×6＝12（盆）
小②：53÷15≈3（盆）
35÷15≈2（盆）
2×3＝6（盆）

画图检验模型的结果

2. 实景演练检验模型

小组1（按面积计算）：按设计方案将花圃分区后，实际摆放花盆，看每块区域摆放的花盆数量是否与计算一致。结果小花盆每个区域能摆6盆，共可以摆12盆；大花盆每个区域可以摆15盆，共可以摆30盆。实际结果与计算结果有差异，模型有误。

学生算式：
142－35＝107(cm)
107÷2＝53.5(cm)
53.5×223＝11930.5(cm²)
20×20＝400(cm²)
11930.5÷400≈29（盆）（取整）
223－35＝188(cm)
188÷2＝94(cm)
94×35＝3290(cm²)
15×15＝225(cm²)
3290÷225≈14（盆）（取整）

实景演练检验模型的结果(按面积计算)

小组2（按边长计算）：按设计方案分区后，看长可以摆多少个花盆，宽可以摆多少个花盆，再相乘去检验模型，模型正确。

学生算式：
(223－35)÷2＝94(cm)
94＋35＝129(cm)
(142－35)÷2≈53(cm)（取整）
53＋35＝88(cm)
94÷15≈6（盆）（取整）
88÷15≈5（盆）（取整）
5×6＝30（盆）
53÷20≈2（盆）（取整）
88÷15≈5（盆）（取整）
2×6＝12（盆）

实景演练检验模型的结果（按边长计算）

3. 反思交流

为什么实景演练中小组1的数据有差异，小组2的数据是一致的呢？

在检验的过程中，我们发现先前得出的按面积计算的模型，即用大面积除以小面积时，在实际摆放过程中，有的边摆不了那么多盆花，所以只能求出一个大概的数值；但如果是用边长计算的模型，一般来说结果就是准确的。究其原因，是用大面积除以小面积时，所有的面积都没有浪费，原本留白或多余的不足以摆一盘花的面积组合起来就能再摆了。也就是，原本不够除的数字，拼在一起就够除了。而用边长计算时，不够除的部分会直接被舍去，不会产生太大的误差。

（三）提出修改建议

根据模型检验的结果，针对小组的设计方案，提出修改建议并对方案进行修改与完善。

在检验过程中，我们发现了以下几点问题。第一，部分小组之前建立的模型并不完全正确，这是学生在建立模型的初期很难发现的点，需要在检验模型的过程中通过实际操作去解决问题。因此，在教学过程中不用慌张，学生需要经历数学建模的过程，将数学与实际生活联系起来，在检验中求解，用数学的思维解决实际问题，进而提高问题解决的能力、应用和创新意识。第二，由于前期的计算方式不同，结果可能会产生一定的误差。这也是可以在模型检验的过程中发现并修改、完善的。

　　有了这次的建模经验，教师可以让学生进一步思考生活中有没有类似的模型。由于学生对建模知识进行了系统梳理，脑海中已经形成了一定的建模思维，可能很快就会发现在实际生活中有很多可以应用数学模型解决的问题。

具象数与形，模拟逐成型

——以"对校园空地进行泊车规划"为例

　　我校是一个社区国际化精品小学，近年来学校办学规模不断扩大，学校教职工的人数也随之增加，学校已有的停车位已经不能满足教职工的日常需求，且由于学生需要错峰放学，部分学生放学路队需要经过学校车道，存在一定的安全隐患。因此，现在学校决定开辟一块空地，对现有停车位进行重新规划。这就要求教师要带领学生对这块空地做出合理的停车规划：将原有的单向车道、双边停车，改为单向车道、单边停车；将小操场与停车场划分开来，尽可能停放更多车辆。

学生放学路队经过车道

　　要建模首先必须对生活中的实际问题有充分的了解。在课堂教学中，教师要通过图片、视频、讲述等手段，向学生展示现实问题。如果条件允许可以让学生亲身经历事情的发生和发展过程，让学生主动获取相关的信息和数学材料。教师在提供问题的背景时，首先应考虑学生是否熟悉这些背景资料，学生是否对这些背景资料感兴趣。为了解决这一问题，我们可以根据现有教材所提供的教学内容，结合学生的生活实际，把学生所熟悉的或了解的一些生活实例作为教学的背景。使学生对教学背景有一个翔实的了解，不但有利于学生对实际问题的简化，而且能提高学生的数学应用意识。

　　在之前的教学环节中，学生明确了问题，即对学校新打造的这块空地做出停车规划。学生们也在教师的指导下提出了影响问题解决的因素，如空地的形状、空地各边的长度、车位的大小、教师的车型、教师的通勤时间……接下来，我们将围绕以下几个问题，阐述本次建模的做题过程。

一、指导学生梳理解决问题的思路

本环节教师采用让学生自主探究、小组合作讨论、全班汇报交流、教师指导点拨的方式，对解决问题的思路进行梳理。教师向学生提问："你们打算如何解决这个问题？"学生独立思考后，在小组内提出自己的观点。例如，有的学生提出先对空地和车位的数据进行测量、估算，然后直接用空地大面积除以车位小面积算出泊车数量，但同组的组员则认为空地形状可能不规则，规划车位时，会有浪费面积，只能用这种方法进行数量的估算，并不能直接形成设计方案；还有的学生认为既然要制作方案，那么就需要实地搜集数据，在图纸上进行设计，最终形成方案。经过全班讨论交流和教师指导后，确定了以下解决问题的思路。

（一）测量数据

在测量数据之前，教师需要让学生明确需要测量的数据：空地的各边长度、车位的长和宽，然后进行实地测量。

（二）设计停放方案

在设计方案时，有学生提出可以在空地上用粉笔画出等比例图，但最终为了方便操作，学生们选择在等比例的图纸上进行方案设计。他们边设计，边思考怎样停放更合理。

（三）抽象模型

教师引导学生思考：根据你的停放方案，如何计算出停放车辆的数量？在此过程中，学生逐步抽象出不同方案对应的不同数学模型。

（四）检验模型

针对如何对模型进行检验的问题，学生们一致认为可以根据不同的设计方案，到空地上画一画车位，检验模型是否合理。

二、指导学生搜集数据和进行小组探究

该环节用两个课时来进行。在第一个课时中，学生应先明确需要哪些数据、怎样得到这些数据、测量过程中的注意事项有哪些，并完成学习单。

2.需要知道哪些数据，怎样得到？怎样测量数据才更准确？		
需要的数据： ①停车场各个边的长度 ②不同车型的长和宽	使用工具： 卷尺、记录本	怎样测量数据更准确？ ①测量时，卷尺要拉直 ②要对准卷尺上的刻度

2.需要知道哪些数据，怎样得到？怎样测量数据才更准确？		
需要的数据： ①停车场边的长度 ②汽车边的长度 ③学校车辆的数量	使用工具： 卷尺	怎样测量数据更准确？ ①刻度对齐 ②做好记录

学生填写的第一课时学习单

随后，教师组织学生分小组进行数据测量，测量、记录空地和不同类型汽车的相关数据，并进行初步分析。在测量过程中，教师应引导、帮助学生对空地形状进行抽象化理解，对空地面积进行测量，对学校教职工车辆的数据进行实际测量。需要注意的是，教师在活动中应保证学生安全。

学生实地测量

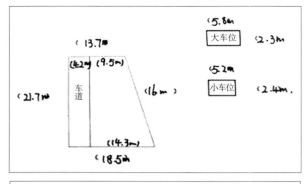

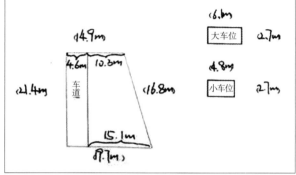

学生填写的关于测量数据的学习单

在第二个课时中，教师组织学生以小组为单位，对搜集到的数据进行分享。经分享发现，学生搜集到的数据由于存在一定的测量误差并不统一，于是全班对造成误差的原因进行了分析。学生分析出数据不一致的原因有测量时没有对齐、边界模糊、计算出错等，因此认为可以选择测量结果最接近的或最多的（平均数、众数）代替更精确。学生还发现假设选择用空地的实际长度除以车辆的宽度加安全距离，不够停一辆的可以忽略不计，从而得到结果。在全班交流的过程中，学生统一了测量数据，将空地的形状抽象为直角梯形；另外，根据我校实际情况，学生发现长方形车位能最大程度利用空地面积，因此将车位形状确定为长方形。为了更合理地利用空地面积，学生将车位设计为大车位和小车位。最终统一的具体数据如下：

空地的上底：a=10 m

空地的下底：b=15 m

空地的高：h=21 m

空地的斜边：y=16.6 m

车道的宽：x=4.5 m

车位的宽：d=2.5 m

大车位的长：C=6 m

小车位的长：c=5 m

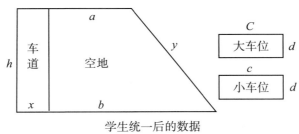

学生统一后的数据

三、指导学生建立、呈现模型

（一）初步规划方案

在开始着手设计方案前，教师请学生思考"你准备怎样设计"这一问题。学生对方案进行初步构思、分析，做出不同假设，为找到构建模型的思路奠定基础。经过学生讨论交流，全班拟定了以下3种假设。

假设1：全部车辆竖着停放。

假设2：全部车辆横着停放。

假设3：车辆横竖交替停放。

（二）设计停放方案

在确定了设计方案的思路后，学生以小组为单位，通过画一画、摆一摆的方式，在等比例的图纸上进行方案设计，并将设计出的方案在全班进行分享交流，根据实际情况呈现出以下4种方案。

方案1：全部横着停。首先用梯形的高除以车位的宽得到可以停放多少排车辆，即21÷2.5≈8（排）；然后用每一排的上底除以车位的长，得到每排能停放多少辆车，如第一排10÷5=2（辆），依次类推；最后将每一排的停放数量加起来，就是停放总数。全部横着停，可以得到5个小型车位，11个大型车位，共16个车位。

方案2：全部竖着停。首先用梯形的高分别除以大、小车位的长得到全部停小车刚好可以停4排，全部停大车最多可以停3排。但根据对教职工车型的统计，发现需要更多的大车位，因此在设计时优先考虑设计更多的大车位。接着，用每一排的上底除以车位的宽，得到一排可以停放多少辆车，如10÷2.5=4（辆），依次类推。将剩余的空地优化处理，最后把每排的停车数量加起来，就是停放总数。全部竖着停，可以得到15个大型车位。

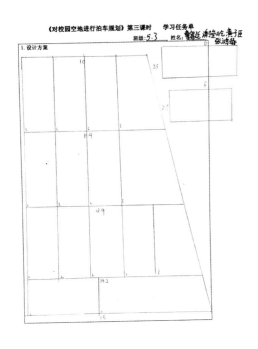

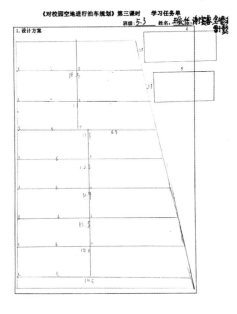

方案1的学生作品　　　　　　　　　　　方案2的学生作品

方案3：一列竖着停，其余部分横着停。首先用梯形的高除以小车位的长得到一列可以竖着停放多少排车，即21÷5≈4（排）；然后用梯形的高除以车位的宽，得到可以横着停放多少排，即21÷2.5≈8（排）；再用剩余部分每一排的上底除以大、小车位的长，得到每排可以停放多少辆，如（10-2.5）÷6≈1（辆），依次类推，将每一排可以横着停放的数量加起来，得到横着停放的总数；最后将竖着停放的总数和横着停放的总数加起来，就得到停放总数。一列竖着摆，剩余横着摆，可以得到9个小型车位，7个大型车位，共16个车位。

方案4：两列竖着停，其余部分横着停。首先用梯形的高除以大车位的长，再乘2，得到竖着停放的数量，即21÷6≈3（排），3×2=6（辆）；然后用梯形的高除以车位的宽，得到可以横着停放多少排，即21÷2.5≈8(排)；再用剩余部分每一排的上底除以大、小车位的长，得到每排可以停放多少辆，如(10-5)÷5=1（辆），依此类推，将每一排可以横着停放的数量加起来，得到横着停放的总数；最后将竖着停放的总数、横着停放的总数和优化空地停放的数量加起来，就得到停放总数。两列竖着停，剩余横着停，可以得到4个小型车位，11个大型车位，共15个车位。

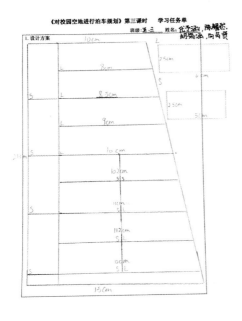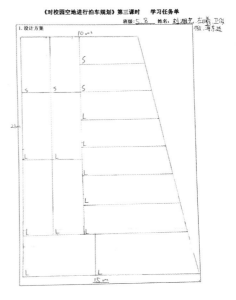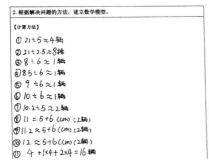

方案3学生作品　　　　　　　方案4学生作品

（三）抽象数学模型

在教师的引导下，学生尝试用字母表示计算过程，建立数学模型。Z 为可停放车辆的总数，z 为每排可停放的车辆数量。

方案 1：全部横着停

$h \div d = n$

$a_n \div C = z_n$ 或 $a_n \div c = z_n$

$Z = z_1 + z_z + z_3 + \cdots + z_n$

方案 2：全部竖着停

$h \div C = n$

$a_n \div d = z_n$

$Z = z_1 + z_z + z_3 + \cdots + z_n + z_余$

方案 3：一列竖着停，其余部分横着停

竖着停一列：

$h \div c = Z_竖$

其余部分横着停：

$h \div d = n$

$a_n \div C = z_n$ （或） $a_n \div c = z_n$

$Z_横 = z_1 + z_2 + z_3 + \cdots + z_n$

$Z = Z_竖 + Z_横$

方案 4：两列竖着停，其余部分横着停

竖着放两列：

$h \div C \times 2 = Z_竖$

其余部分横着放：

$h \div d = n$

$a_n \div C/c = z_n$ （或） $a_n \div c = z_n$

$Z_横 = z_1 + z_2 + z_3 + \cdots + z_n$

$Z = Z_竖 + Z_横$

学生设计方案后，再结合课前发放的调查教职工通勤时间的问卷，将不同方案进行区域划分，分为 A 区域（早到晚走）、B 区域（早到早走）、C 区域（晚到晚走）、D 区域（晚到早走）。学生在小组内完善方案后，将方案定稿。

调查问卷设计：

1.老师的进校出校时间.

2.老师的车周几限号.

3.老师有无特殊情况会中途离校.

调查问卷设计：

①请问老师平时什么时候到学校?

②请问老师的下班时间是多久?会不会有特殊的时候?

③本是星期几限号?

调查问卷设计：

①老师的上班时间大概在什么时间段?

②老师的下班时间大概在什么时间段?

③老师平时要外出学习吗?

④老师中午会回家吃饭吗?

调查问卷设计：

1.老师的到校时间

2.老师的离校时间

3.老师的限行时间

学生填写的调查问卷设计

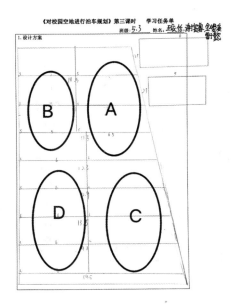

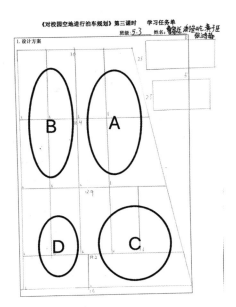

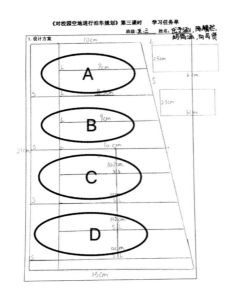
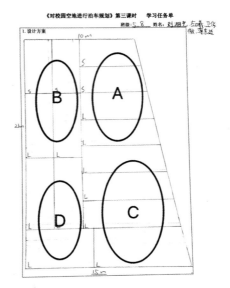

学生填写的第二课时学习单

　　根据已有的假设和解决问题的思路，教师让学生计算可以停放多少辆汽车。在计算的过程中，明确每步计算的具体含义，进一步思考如何解决这个问题，培养学生"有据"思考问题的能力。

　　在确定哪种方案较合理之后，教师让学生对模型进行检验，使之体验数学建模的一般步骤，感受数学建模的价值。

　　从学生回答来看，学生的思考是丰富多彩的，他们能从不同角度进行思考，出现很多很好的思路。学生还能将这些思路呈现出来，与大家分享交流，最后能用字母提炼出计算。这有助于培养学生数学建模的能力。

　　从学生课堂的反应来看，在思考、尝试说明问题时，组内有个别学生对于解决问题的思路还不是很熟悉，在进行分享交流时，表达不是特别流畅。如何培养学生的数学素养，这也是我们在教学中需要思考的地方。

对比找规律，归纳寻共性

——以"需要多少间功能室"为例

　　我们学校每年新招的一年级学生的人数已远远超出了招生计划，所以致学校教室不够使用。最近几年，学校已经陆陆续续将功能室、办公室、会议室改成教室，导致学校目前没有功能室，部分教师也没有办公室，可能在未来还会面临教室不够使用的问题。而且，学校周边已是配套小区，无法进行扩建，现决定在学校原址上新建一栋综合楼，增设教室与功能室。

　　那我们学校到底需要多少间功能室呢？解决问题的思路可被归纳为以下几个环节：

　　①分析问题，思考因素。

　　②了解调查，搜集数据。

　　③类比分析，总结规律。

　　④归纳共性，得出结论。

　　⑤建立模型，模型检验。

　　基于上述思路，我们对各个环节进行了教学实践，在问题解决的过程中，不断求解和进行模型检验。

一、分析问题，思考因素

　　我们分析了"需要多少间功能室"这一关键问题，发现可以将其分解为：影响功能室间数的因素有哪些？学校能修多少间功能室？

（一）明确问题，探寻影响问题的因素

　　明确"需要多少间功能室"这一问题。要解决这个问题，第一步需要找到影响问题的因素有哪些。

（二）小组讨论

　　在组长的带领下寻找影响"需要多少间功能室"的因素。

（三）提炼影响因素

教师带领学生提炼影响因素。经过讨论分析，得出影响功能室间数的因素有：班级数、课时数、功能室的使用频率等。此外，学校能修多少间功能室还受到空地的占地面积、功能室的大小等的影响。

某小组汇报的影响因素   某小组分享影响因素

二、了解调查，搜集数据

对影响功能室间数的因素进行对比分析，有针对性进地行调查和搜集数据，以助于问题的解决。教师帮助各小组进行合理的人员分工，明确任务职责。各个组长要组织全组人员有序地进行讨论交流、动手操作、合作探究等学习活动。教师还要启发学生善于运用已有知识和经验解决问题，促进知识的迁移。

（一）数据搜集的内容

①学校各年级班级数。
②科学、美术、音乐的课时数。
③新建综合楼的占地面积，原音乐室的面积。
④未来三年新入学的学生数。

（二）数据搜集的方法

1. 问卷调查
通过和学生一起设计问题，以问卷星的方式调查学生对功能室的需求。

2. 网上查阅
功能室的国家标准，功能室的大小等等。

3. 实地调查
①学生通过小组合作，调查学校各年级班级数；科学、美术、音乐的课时

数；新建综合楼大概能修多少间教室。

②学生走访社区、派出所了解未来三年学龄儿童的人数，估计未来三年入学班级数。

（三）数据处理的方法

①通过问卷星生成的统计图，了解到学生对功能室的需求。

②通过表格整理出各年级的班级数，科学、美术、音乐不同年段的课时数。

学生调查和测量的数据　　　　　　　学生现场测量

三、类比分析，总结规律

（一）提出假设，提炼有效的假设方法

假设1：以每周一个班去6次功能室为基础，进行数据分析。

假设2：以每个班的具体课时为基础进行数据分析。

假设3：以学校每个年级目前的班级数为依据，开展数据分析。

假设4：以学校目前班级总数为参考，估计未来三年学校班级数，开展数据分析。

个人学习单
1.解决"需要多少间功能室"这个问题,可以怎样进行假设呢? 你是怎样想的? 因为有的课程内容需要用到功能室,功能室的使用次数可以减半。

学生填写的关于提出假设的个人学习单

小组学习单	
2. 小组内交流,将小组内相同的假设方法写下来。 ①假设每节课都去功能室 ②假设一半的课程内容去功能室。 ③以现有班级数为基础,假设未来3年的总班级数。	

学生填写的关于分享交流的小组学习单

(二) 对比、总结解决问题的方法

基于学生提出假设,教师带领学生利用这些假设,思考如何计算出需要多少间功能室。经过课堂讨论,学生能用数学语言,描述解决问题的思路;通过对比分析,总结出计算功能室间数的方法。

方法1:每周一个班去6次功能室,全校一共60个班级,一周需要去360次,一间功能室一周可以被使用30次,这样可以计算出需要多少间功能室。

方法2:部分学习内容可以在教室进行,这样更节约资源。以一个班每周去3次功能室为基础,计算出需要多少间功能室。

方法3:以科学、美术、音乐每周的课时数为基础,分学科计算出需要多少间功能室。

方法4:以科学、美术、音乐每周的课时数为基础,考虑部分学习内容可以在教室进行,计算出需要多少间功能室。

学校目前有60个班级,估计未来3年有70个班级,可以按照上述4种方法分别计算出需要多少间功能室。

经过对各种方法的讨论与分析,学生总结出一个规律,任何一种方法的实施,都可以用以下思路进行:

功能室的间数=班级数×课时数÷一间功能室一周提供的课时数

小组学习单	
4. 小组讨论,如何解决这个问题?(得出解决问题的思路) 功能室一周总课时数=一天有六课时×5天 课时数×班级数÷一周功能室的总课时数	

学生填写的关于整理思路的小组学习单

四、归纳共性，得出结论

（一）总结方法，分析结果

根据已有的假设和解决问题的思路，教师组织学生计算需要多少间功能室。在计算的过程中，明确每步计算的具体含义，进一步理解如何解决这个问题，培养学生有依据地思考问题。

方法1：以现有60个班级为基础进行计算，即得到（12+11+9+11+9+8）×6÷30=12（间）。

方法2：预计未来3年全校大约有70个班级，计算出大约需要14间功能室，即70×6÷30=14（间）。

方法3：分学科计算（以60个班级为基础），科学课需要（12+11+37×2）÷30≈3（间），美术课需要60×2÷30=4（间），音乐课需要60×2÷30=4（间）。

方法4：不一定每节课都要去功能室，部分学习内容可以在教室进行，所以我们计算出来的间数可以减半，即科学课需要2间、美术课需要2间、音乐课需要2间。

学生课堂分享　　　　　　　　组内交流计算方法

（二）对比方法，优化结果

在实际操作中，学生经过小组讨论，对比分析，对结果进行了优化。学生能结合具体情况，例如学校目前班级数、学校未来班级数、功能室使用频率等，总结出哪一种方法更合理。最终，将未来学生人数作为优化方法的重要因素，提出节约资源，最大化利用资源，从而得出结论：

科学课需要2间，美术课需要2间，音乐课需要2间，较为合理。

五、建立模型，模型检验

学生的想象是丰富多彩的，他们能从不同角度进行思考，通过计算得出结论，最后用字母提炼出计算方法，建立数学模型。他们还能根据自己的认知水平，对结果进行反思，懂得初步计算出结果后，需要经过检验，最终才能得到较准确的结论。在这一系列活动中，学生体验了数学建模的一般步骤，感受到了数学建模的价值。

（一）建立模型

模型一：$C=A\times6\div30$；$A=a_1+a_2+a_3+a_4+a_5+a_6$（$C$表示功能室的间数，$A$表示全校班级数，$a$表示不同年级的班级数）。

模型二：$C=S_1\div S_2$（C表示功能室的间数，S_1表示新建综合楼的面积，S_2表示原音乐室的面积）。

模型三：$C=A\div a$，且$B>b$（C表示功能室的间数，A表示新建综合楼占地的长，a表示音乐室的长，B表示修建占地的宽，b表示音乐室的宽）。

"需要多少间功能室"的学习任务单——建立模型

班级：　　　　　　姓名：

根据解决问题的方法,建立数学模型	
【计算方法】 【建立模型】	【计算方法】 【建立模型】

根据解决问题的方法，建立数学模型

【计算方法】	【计算方法】
$(12+11+9+11+9+8)\times 6=360(节)$ $360\div 30=12(间)$	音乐：$60\times 1\div 30=2(间)$ 美术：$60\times 1\div 30=2(间)$ 科学：$(12+11+37)\div 30=2(间)$
【建立模型】	【建立模型】
$A=a_1+a_2+a_3+a_4+a_5+a_6$ $C=A\times 6\div 30$	$C=A\div 30$

教师课堂讲解　　　　　　　　　　　　　建立数学模型

（二）模型检验

教师带领学生根据自己已有的生活经验和调查的资料，进行模型检验。让学生经历模型检验的过程，分享检验成果，互相对不足之处进行点评。教师在这一过程中充当一个引导者的角色，让学生充分发挥在建模方面的潜力，努力运用自己的方法对模型进行检验，优化数学模型。

模型检验方法：

①数形结合，绘制平面图。

通过绘制平面图，计算新建综合楼的占地面积，估算学校能修建多少间功能室。

②查找资料，参照标准检验模型。

国家功能室的配备标准是24个班级以下设置音乐、美术、科学教室各1间。

③运用比例知识，进行数据验证。

调查建校时功能室的间数与班级数，利用比例知识进行检验。

④以课时为基础，进行检验。

以不同学科的课时需求为基础，进行检验。

⑤从专业角度，进行检验。

利用建筑学等相关知识，对模型进行检验。

小组学习单		
小组内交流，将小组内相同的检验方法写下来。		
国家功能室配备标准是24个班以下设置音乐教室，我们学校有60个班级，配备2个音乐室比较符合国家标准。	用比例的知识检验。 入标：1：26＝$\frac{1}{26}$ 现低：2：60＝$\frac{2}{60}$ 比值接近，较符合。	从建筑学上，我们了解到至少可以修12间，比较符合。

A 小组交流检验方式的学习单

小组学习单		
小组内交流，将小组内相同的检验方法写下来。		
①60个班级一周去一次美术室，需要60课时。 60×1＝60(课) ②2间功能室一周可以提供60课时。 30×2＝60(课) 60＝60 符合。	以美术为例进行验算 2×30÷1＝60(个) ↓ 2间美术室 60个班级与实际相符。	以科学为例进行验算 1～2年级：2：3＝2次＝11(课) 3～6年级：37×2÷2＝37(课时) 37+11＝48(课) 2间科学1周课时：1×30＝60(课) 60课＞48课 满足需求。

B 小组交流检验方式的学习单

学生询问学校负责人，从专业角度进行检验

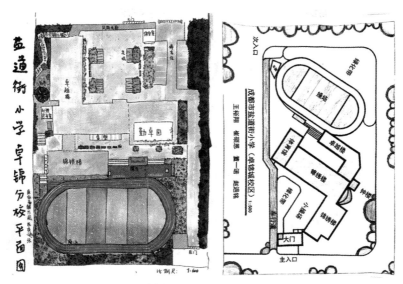

不同小组绘制的校园平面图

学生尝试了多种检验方法，并不断讨论分析，最终得出结论：2间音乐室、2间科学室、2间美术室是合理可行的。

在问题的解决过程中，学生逐步理解什么是数学建模，并且采用独立思考与合作探究的学习方式，结合具体情境感受到用数学模型解决实际问题，认识到数学建模的重要性。相信在以后的学习中，他们能更加认真、自觉地投入数学建模实践中。

在以后的教学中，我们要将建模理念运用到平时的教学活动中，在教学实践中构建合理的数学模型，以此来鼓励学生积极应用数学建模思想。在模型实施中，还要注重学生的学习反馈和评价，采用多元的教学方法、评价方式促进学生对建模项目的学习与理解，进一步促进学生的全面发展。

数学建模心得

经过这次数学建模，我懂得遇到自己不知道如何解决的问题，可以先分析造成这类问题的因素有哪些，对这些因素进行分析，假定，找到解决问题的思路，一步一步就可以解决问题，并且可以运用解决这个问题的过程去解决以后遇到的问题。

康轩铭

"需要多少间功能室"学习心得　卢思睿

当第一次听到这个问题的时候，感觉无从下手，老师带领我们一步步分析，后面一步步地去调查、去分析、去计算，发现解决这个问题也不是那么难，并且还种有多种的解决方案，并不相冲突，但我们可以优比，选择最佳方案，解决这个问题，真不错！

部分学生建模心得

结合学与思，方法多样化

——以"如何利用有限场地统筹安排室外体育课"为例

数学建模中的做题是指在开题之后，即对整个解决问题的过程有了初步思考并形成基本解题思路之后，进入真正解决问题的环节，是建模的重要阶段。它包括三部分：第一，获得必要的数据，建立数学模型；第二，解决数学问题，得到结果；第三是检验，即讨论数学结果与实际问题需求的一致性，树立不断改进和完善的意识。也就是说，做题包括建立数学模型、求解数学模型和模型检验。

本案例《如何利用有限场地统筹安排室外体育课》问题源于学校真实情境：学校操场不能容纳所有班级同时上室外体育课，有部分班级在教室内上体育课，无法满足学生每天2小时室外锻炼的要求。

聚焦数学问题：如何利用有限场地统筹安排每个班级的室外体育课？（即排出全校的体育课表）

一、建立数学模型

（一）根据前期分析的影响因素，搜集数据

需要学生搜集的数据包括：
①教师数；
②班级数；
③课时；
④每班上体育课的使用面积≥100 m²；
⑤操场数据；
⑥其他可作为室外体育课的场地面积。

a—长方形操场的长，
r—半圆形操场的半径。
操场模型图

（二）按照思路，建立模型

1. 面积模型

室外体育课的场地总面积＝（πr²+2ar）+ 其他可用于室外体育课的场地面积

2. 排课模型

场地可同时容纳的班级数量=总面积÷每班使用面积，每节课同时上室外体育课数量=班级数÷课时数。当场地可同时容纳上体育课的班级数量小于每节课的室外体育课数量时，需要增加其他可作为室外体育课的场地面积。总面积的增加，会使场地可同时容纳的班级数量大于或等于每节课同时上室外体育课数量。

排课模型

任课教师	班级 1	班级 2	班级 3	班级 n
教师 1	3.1	4.1	5.1	……
教师 2	3.2	4.2	……	……
教师 3	3.3	4.3	……	……
……	……	……	……	……

注：小数点前的数字表示年级，小数点后的数字表示班级，如3.1表示三年级1班。

3. 教师和班级数量模型

一位教师所教的班级数=班级数÷教师数，且同一教师所教班级不出现在同一时间。

二、求解数学模型

（一）求解面积模型

总面积=$(\pi r^2 + 2ar)$+其他可用于室外体育课的场地面积（取值为0时）

$\qquad =(3.14 \times 12^2 + 2 \times 42 \times 12)$

$\qquad =1460.16 \ m^2$

（二）求解排课模型

场地可同时容纳班级数量=1460.16÷100=14.6016（个），100为每班的使用面积。

每节课同时上室外体育课数量=68÷6≈11.33（个），全校68个班，每班每天共6节课。

可以看出，14.6016＞11.33，满足场地可同时容纳的班级数量大于或等于每节课同时上室外体育课数量。

每个教师所教班级数量=68÷25=2.75≈3（个），全校共有25位体育教师。

室外体育课区域划分如下图所示。

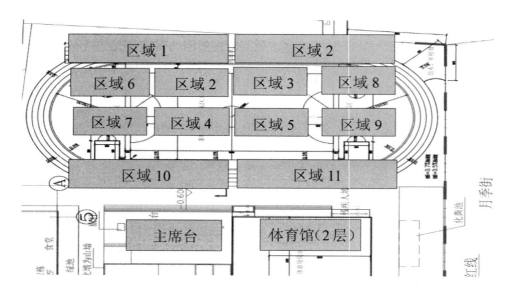

室外体育课区域划分图

综上所述，求解出的排课模型见下表所列。

室外体育课班级排课模型表

课时	区域 1	区域 2	区域 3	区域 4	区域 5	区域 6	区域 7	区域 8	区域 9	区域 10	区域 11	区域 12
第1课	3.1	3.7	3.13	4.1	4.7	4.13	5.1	5.7	5.13	6.4	6.10	6.16
第2课	3.2	3.8	3.14	4.2	4.8	4.14	5.2	5.8	5.14	6.5	6.11	6.17
第3课	3.3	3.9	3.15	4.3	4.9	4.15	5.3	5.9	5.15	6.6	6.12	
第4课	3.4	3.10	3.16	4.4	4.10	4.16	5.4	5.10	6.1	6.7	6.13	
第5课	3.5	3.11	3.17	4.5	4.11	4.17	5.5	5.11	6.2	6.8	6.14	
第6课	3.6	3.12	3.18	4.6	4.12	4.18	5.6	5.12	6.3	6.9	6.15	

注：小数点前的数字表示年级，小数点后的数字表示班级，如3.1表示三年级1班。

三、模型检验

（一）目的

应用面积模型和排课模型，发现可以利用学校有限场地统筹安排出每个班级的室外体育课，达到解决问题的目的。

（二）优化体育课

①每个班级都是室外体育课。

②均衡体育课的时间分布，尽量不安排在第一节课。

③学校场地有空余（体育馆还未使用），可扩大每班使用面积，让锻炼空间更大。

④均衡使用场地，每个区域轮流使用。

⑤体育教师课时有差距，可做好突发情况预案，想到如遇体育教师请假需要代课的情况如何调整。

⑥对比现行课表，给出调整意见。

第四篇

结　　题

让儿童的学习融入生活，寻求模型的一般化过程，通过展示、反思、拓展寻求背后的原模型

　　结题的重点是培养学生的成果意识、建模意识、实践意识。结题并不意味着结束建模项目，而是站在此地看已有成果，回过头来看前面过程，眺望远方看未来生活，即展示、反思与拓展。

　　第一，展示研究结果，这是一个归纳的过程。由学生展示设计方案，概述项目成果，简述建模的作用、意义，从而加深建模印象。

　　第二，反思改进，这是一个提升的过程。学生要回过头来看"选题—开题—做题—结题"的过程，反思解决问题的思路是什么，建立模型的过程中遇到了哪些问题，是如何规避这些问题的，项目成果有何优、缺点，如何改进。思考这些问题有利于学生将情境、问题、方法、实践、结果紧密联系起来，为以后解决类似问题积累经验、总结方法。

　　第三，视野拓展，这是一个将问题一般化的过程。学生要思考本次解决问题的思路还能解决哪些问题？并在已有研究基础上，探索发现新的需要解决的问题。由此，学生的思维已不再是单纯地解决一个问题，而是由一个问题延伸到一类问题，形成一种研究思路，启发学生主动地用数学的眼光看待现实世界，用数学的思维思考现实世界，用数学的语言表达现实世界。

　　教师要意识到，最后孩子们呈现出的方案设计、模型作品等只是物化的成果，并不是最重要的模型。真正的模型是解决类似问题的策略。因此，数学建模活动不单单是通过解决某个问题得到某个结果，而是要挖掘活动背后的策略，教师要引导孩子发现表面模型背后的原模型。

　　接下来，我们看学生如何自省改进，开阔未来视野，解决迎新树怎么摆放的问题；看学生如何将经验迁移，回归现实生活，解决奖品如何采购的问题。

自省改进，开阔未来视野

——以"迎新树怎么摆放"为例

数学建模结题环节是指学生将成果进行分享、模型进行检验，最终明确模型的意义。这个过程需要学生相互评价、质疑，不断反思改进，从而积累建模经验。这是数学建模最后一个环节，也是学生进行整体反思的一个重要环节。师生回顾数学建模的整个过程，从过程和结果入手进行评价，能更明白建模的意义所在。

一、成果分享，自省改进

（一）小组分工，全班分享

数学建模要解决的问题是实际生活中遇到的问题。新的一年就要来了，学校组织了一次迎新活动，每个班级都要设计自己的迎新树，最后进行全校展示，由每位学生参与打分，评选出人气最佳的迎新树。怎样利用学校有限空间集中摆放迎新树呢？间距是多少呢？学生四人一组，探索研究，绘制出迎新树摆放设计方案。

小组成员分工明确，选出一人为讲解员，其余三人为倾听员。讲解员需要轮流到其他小组讲解本组的设计方案，倾听员需要评价其他小组的讲解内容，并提出建议。比如，有的小组设计虽然好看，但是发现这样的摆法没有将迎新树全部摆下；有的小组迎新树虽然摆下了，但是在计算间距的时候，发现间距不一样。学生根据实际情况修改方案后，再进行全班的汇报、分享。

讲解员到其他小组讲解

小组分享设计方案

（二）两次自省，完善方案

　　数学建模活动中最需要的就是学生要自我反思。在研究迎新树怎么摆放过程中，学生经历了两次自省。首先是在小组活动中，小组成员思考是否还有需要改进的地方，并进行小组内部分享，再修改方案。比如，有的小组在谈论时发现，设计的图案太烦琐、树的间距不一样，最后修改为较简单的方式；有的小组发现后来算的结果与之前的不一致，是因为在计算场地时长度计算错了。然后是在全班面前进行汇报、分享，并根据其他小组提出的建议进行反思、改进。学生经历两次反思自省，可以不断完善方案。这个过程着重培养了学生的自我反思能力，使他们不仅能思考自己方案的不足，而且能认真听别人的方案，提出自己的质疑，学生的批判性思维同时也得到了发展。

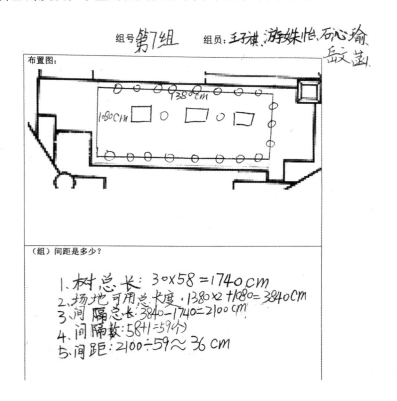

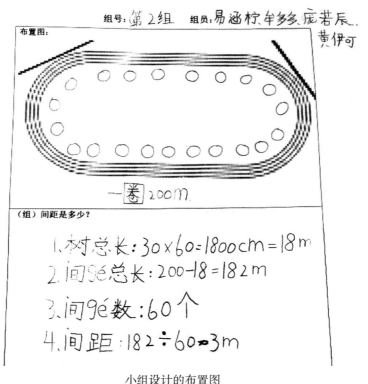

小组设计的布置图

二、模型检验，修改完善

模型检验是确定模型的正确性、有效性和可信性的研究与测试过程。它是数学建模过程中最后也是最重要的一个环节。

学生观察、思考不同的迎新树摆放方案后，发现迎新树棵数与间隔的关系一致，并最终发现数学模型相通性。那么，怎样知道模型是否正确呢？我们指导学生进行检验。孩子们进行了头脑风暴，想出了再次验算和模拟摆放的检验方法。再次验算就是学生按照小组设计，再次计算数值是否正确。例如，有小组再次验算在封闭图形情况下，两树间隔=总长度÷棵数。模拟摆放就是用不同物品代替模型中的物品，检验模型是否合理。例如，将数学书当作迎新树、教室当作场地摆放，验证在未封闭图形（两端都种）情况下，两树间隔=总长度÷（棵数-1）；将课桌当作迎新树，教室长当作场地总长度，验证在未封闭图形（两端都不种）情况下，两树间隔=总长度÷（棵数+1）。孩子们经历了"明晰问题——观察数据——建立模型"的全过程。

学生模拟检验模型

三、回顾反思，结题评价

在总结出摆放方式不同的数学模型后，组织学生进行结题评价，特别要注意问题的一般化。我们设计了小组、个人评价单，分析要解决的实际问题，明确好的方案需要具备将迎新树全部摆下、（组）间距一致、美观有序的要素。教师还要在建模过程中关注学生个人的评价。

"迎新树怎么摆放"自我评价表

班级：3.11 姓名：卢俊双	
内　容	得分
1. 本课学的检验的方法你会了吗？（5分）	5分
2. 你知道如何合理摆放迎新树了吗？（5分）	5分
3. 本节课我能认真听教师讲课，倾听同学发言。（5分）	5分
4. 我积极参加小组活动，倾听组员发言。（5分）	5分
5. 在小组活动中，我能有条理表达我自己的想法。（5分）	5分
总分（25分）	25分
通过今天的学习，我的收获：数学建模艰难，但能用在生活中。	

《迎新树摆放方案》评价指标
第 5 小组

评价标准 组数	1. 迎新树全部摆下	2. (组)间距一致	3. 美观、有序	4. 建议
1		☆	☆	要把树全部摆下
2	☆	☆	☆	加油 继续努力
3	☆		☆	间距要一样
4		☆		树要全部摆下
5				
6	☆	☆		摆放整齐
7	☆		☆	希望下次更好
8	☆			间距要一样
9		☆	☆	美观要好
10	☆		☆	声大一点
11	☆		☆	树要摆下

注：指标符合得一颗★，2颗及以上属于A等级，1颗属于B等级，0颗属于C等级。

学生填写的自我评价表

同样的数学模型还可以运用在生活中哪些地方？还能帮助我们解决什么问题？孩子们畅所欲言，提出了如教室气球布置、彩旗装饰等场景。此外，学生们还分享了参与数学建模活动的收获，有的说："我觉得数学建模有趣，用到了我们学过的加减乘除，我感觉数学知识很有用。"有的说："我参加数学建模活动后，知道了不同图形的摆放设计，间距和棵数的关系。"还有的说："数学建模活动太有意思了，同一个模型还能解决其他的问题，这个感觉太棒了。我还能够自信地在班上分享发言，觉得我又进步了！"学生们的感悟也反映了数学建模在小学阶段带给孩子们的益处，促进了学生数学核心素养的发展。

学生回答教师的提问

　　数学建模活动是对现实问题进行数学抽象思考，用数学语言表达问题，用数学方法构建模型解决问题的过程，是基于数学思维模型解决实际问题的综合实践活动。数学建模有利于培养学生用数学的眼光观察现实世界、用数学的思维思考现实世界、用数学的语言表达现实世界。

　　数学建模教会了学生能够在实际活动中发现和提出"迎新树怎么摆放"的问题，并进行数学探究。学生在解决具体问题时，运用数学思维，发现数据间的关系，提出数学模型，并进行模型检验，不断开发思维逻辑，逐步发展出理性精神。学生能用数学语言表达简单数量关系与空间形式、表达设计方案的合理性的过程，是逐步养成用数学语言表达与交流的习惯，形成跨学科解决问题的意识与实践能力的过程。

经验迁移，回归现实生活

——以"奖品如何采购"为例

一、真实情境

本学期学校计划进行五年级数学趣味活动——图形设计万花筒（平移与轴对称的应用），对于参与活动并获奖的学生将给予合理的奖励，以表肯定和鼓励；同时可以吸引整个年级的学生踊跃参与，营造积极的数学活动氛围，以使更多学生感受数学魅力、接受数学文化的熏陶。因此，学校决定拨款采购奖品。

图形设计万花筒的获奖作品

二、实际问题

用于采购奖品的经费：2100元。

评奖方式：五年级共14个班，评选出一、二、三等奖，可分班评选，也可按整个年级来评选，评奖方式和获奖人数自定。

奖品设置要求：获奖等级越高，奖品单价越高。

问题：如何合理地设置和采购奖品？结合实际，设计一个合理可行的采购方案。

三、结题具体过程

（一）梳理过程，展示成果

1. 教学内容

思考奖品如何采购，即确定购买方案，检验模型。

2. 教学任务

① 交流设计方案。

② 积累建模经验。

3. 学习目标

① 成果汇报，生生互动评价，相互汲取经验。

② 模型检验，积累建模经验，为后期建立其他模型打下基础。

③ 两次自省，提出改进建议，学会进一步修改完善模型方案。

④ 回顾反思，明确模型意义，发现数学模型的应用价值。

4. 教学重难点

重点：模型检验，积累建模经验。

难点：进一步修改完善模型方案。

5. 教学过程

【任务一】成果汇报，生生互动评价

学习流程：

①教师组织学生以小组为单位汇报、展示数学模型和采购方案。

②学生汇报展示、倾听思考。

③学生相互点评、提出建议。

实践意图：汇报最终定稿的数学模型和采购方案，培养学生交流表达、互相学习的能力。

【任务二】模型检验，积累建模经验

学习流程：

①学生以小组为单位检验模型，并准备汇报材料。

②全班分组汇报检验模型的过程及结果。

③小组之间相互点评，提出意见和建议。

实践意图：通过带入数据计算，检验模型是否成立，培养学生的理性思维。

2. 计算总价，选出奖品

建立模型：

【基本模型】

$P \times N = T$

$T_1 + T_2 + T_3 = T_总$

【复杂模型】

有运费：$P \times N + F = T$

有折扣：$P \times N \times R + F = T$

买几送几：$(N - A) \times P + F = T$

满减：$P \times N + F - B = T$

求解模型：

我选择单价较高的商品计算总价

一等奖：飞行棋：$28 \times 25 \times 0.8 = 560$（元）

二等奖：水粉笔套装
$42 \times 18 \times 0.8 = 604.8$（元）

三等奖：盲盒
$70 \times 12 \times 0.9 = 756$（元）

总价：
$260 + 604.8 + 756 = 1920.8$（元）

根据总价选出奖品：飞行棋、水粉笔套装、盲盒。

奖品名称	单价	数量	优惠情况	运费	总价	采购来源
飞行棋	25元	28个	满20个打8折	～	560元	文具店
水粉笔套装	18元	42个	满20个打8折	～	604.8元	文具店
盲盒	12元	70个	满10个打9折	～	756元	文具店

合计总价：1920.8元

学生填写的学习单

【任务三】查漏补缺，提出改进建议

学习流程：

①学生以小组为单位，反思并交流模型的不足之处。

②各组结合自己的反思与其他小组的建议，商定改进方案。

③分组汇报模型的改进方案。

实践意图：通过两次自省，分析原来的建模方案，师生之间相互讨论交流，对原有建模方案提出合理的改进建议，为优化建模方案提供依据。

【任务四】回顾建模过程，明确模型意义

学习流程：

①独立思考、梳理此次数学建模过程。

②各小组梳理建模过程，交流模型意义与建模经验，做好记录并准备汇报。

③全班分组汇报交流建模过程、模型意义与建模经验。

④全班对各组的汇报进行点评。

实践意图：经历完整的数学建模实践过程，并进行反思回顾，体会数学模型如何在现实生活中进行应用和设计。

反思与改进:

我们小组对哪些环节感到满意？为什么？	我们小组对哪些环节不太满意？为什么？	我们认为还可以改进的地方是:
我们小组对建立模型感到满意,因为在这个环节我们小组完成情况较好,并且大量的数据摆起来太烦麻了,有建立模型之后也非常简单,就能清整地知道怎么计算不同商品,不同优惠情况下的价们。	我们对求解模型不太满意,因为求解模型时我们小组算数错太列了,对这个不太书理很满意。	求解模型在算某个商品的原价之前,先把它需用的模型列出来,再按照模型代入数据,比起直接列式算,这样做的可以减少写错。

学生的反思与改进

我的学习收获和感想:

答:遇到这个问题时,一开始,我看着这调查单,毫无头绪,后来,我们在老师的引导下,一步步解决这个问题。我知道了遇到《奖品如何采购》这类问题时,需要充分利用已给的总价,还需要把这个复杂的问题转化成一个简单的思路。有了思路,便可以解决了。并且还要考虑到会影响我们的因素和奖品的合理性。

学生的收获与感想

(二)迁移经验,回归现实生活

搜集学校其他比赛的奖品设置方案,查看奖品数量、学校拨付经费总额等相关情况。

参考"奖品如何采购"的数学建模活动方案及流程,再次设计类似采购方案,并形成完整的数学建模活动方案报告。

实践意图:学以致用,进一步体会数学建模在现实中的应用。

迁移应用:通过学习《奖品如何采购》数学建模课程,今后还可以解决哪些类似问题?

答:学了《奖品如何采购》这书课,我觉得还可以解决学校进行其它活动时,奖品如何采购的问题。还可以解决修建大楼时,瓷砖如何采购的问题,还可以解决某个学校要补充运动器材,有多种选择时,器材如何采购的问题。

学生在本课的收获

（三）回扣主题，建模成果应用

评选优秀模型，并按照学生设计的采购方案对本学期获奖的同学进行奖励。

获奖同学合影　　　　　　　　　　　采购的礼物

四、建模结题过程的经验分享

本节课主要是让学生分享交流建模全过程，在全班展示各组内的建模方案，并进行设计修改及最终定稿。在整个教学环节中，教师组织学生充分交流分享，让学生完整地讲述此次建模全过程，再次回顾解决"奖品如何采购"问题的流程，并对如何根据现实情境提出数学问题、初步建立模型、计算求解模型、检验模型、应用模型做了详细的展示。不同小组之间的成员也相互交流补充，进一步利用数学模型的思维将我们生活中的问题提炼抽象成为具体的数学问题。

教学活动结束后，教师再次让学生对此次建模活动的全过程做了分享交流。回顾本次建模过程，教师和学生都收获颇丰，可以发现部分学生对数学建模有着极大的兴趣。这次的数学建模活动不仅帮助学生建立了数学模型的意识，而且让学生充分体会到了数学建模的乐趣，让学生更加愿意用数学的思维去解决生活中的实际问题。

第五篇

项目精选

未来教育的光,在儿童敏锐的问题捕捉力那里开始闪亮,
儿童的数学建模已从幕后走向台前

　　早在20世纪60年代，西方教育学者就已展开数学建模设计与实施。而当时我国的基础教育工作者普遍认为数学建模离生活和课堂很远，离儿童很远，使得数学建模如同空中楼阁，无法被学生触及。随着《义务教育数学课程标准（2022年版）》的颁布，教育部要求数学教育将着力培养学生的核心素养，并明确指出"模型意识"是小学阶段核心素养的主要表现之一。该标准还指出："模型意识主要是指对数学模型普适性的初步感悟。知道数学模型可以用来解决一类问题，是数学应用的基本途径；能够认识到现实生活中大量问题都与数学有关，有意识地用数学的概念与方法予以解释。"课程改革的推进让一线教师的教学观和学习观已发生较大的变化，但大家依然对数学建模望而却步，其中最直接的原因是不知道如何设计和开展数学建模活动。而解决这一问题的唯一方法就是教师与学生一起亲自开展数学建模。本章就为大家完整地呈现了一线教师是如何设计并开展数学建模活动的。

　　王尚志教授在关于数学建模项目撰写的培训中提出：数学建模活动是一种经历从现实问题出发形成数学问题、建立数学模型、求解数学模型并验证模型、最终解决现实问题的学习过程。我们承接王尚志教授的建模理论将数学建模教学设计分成4个阶段，即选题、开题、做题、结题；围绕7个问题展开，即如何带领学生形成和明确研究问题？如何指导学生寻找影响因素，提出假设？如何指导学生梳理解决问题的思路？如何指导学生搜集数据，进行小组研究？如何指导学生建立模型，模型形式如何？如何指导学生进行检验？如何组织结题评价？

　　在儿童数学建模项目的实践探索中，我们对于数学模型的理解可能是粗浅的、局限的，但重要的是师生共同参与了数学建模的过程。这个过程是完整的。在这个过程中，学生经历了从现实生活中捕捉有价值的问题，抽象出其数学本质，梳理解决问题的思路和步骤，有意识地利用数学概念、方法解决问题，一边实践，一边检验，一边优化，在迭代中逐步建立解决问题的数学模型，最后归纳成果、反思经验、推广延伸。每个环节紧密相扣，有重点，有层次。简而言之，选题，开阔数学视野；开题，形成思维习惯；做题，提升数学水平；结题，增强实践意识。

一年级建模活动

我是仓库整理师

第1课时 选题、开题阶段

一、学习内容

实地观察物品和仓库，集体讨论整理仓库的要素。

二、学习目标

①观察需要整理的各类物品，发现物品的形状、数量、大小等特征，初步发展观察和空间想象能力。

②实地考察仓库，观察仓库的大小，初步发展空间观念。

③根据具体情境，用数学的眼光发现、提出、聚焦并理解实际问题，明确任务步骤和目标，提高发现问题、提出问题、分析问题的能力。

三、学习重难点

重点：观察各种物品及仓库，理解实际问题。

难点：用整体和部分的思维将仓库和物品联系起来，发展空间观念。

四、教学过程

（一）课前讨论，提出问题

①看这些物品和仓库的图片，请你猜一猜，我们要做什么？我们要解决什么问题？

②如果让你去实地观察，你想要了解什么信息？怎样得到这些信息呢？

③介绍并发放学历单。分小组，填写小组基本信息。

④总结一下我们去实地观察时，需要带哪些东西，要记录哪些信息。

实践意图：观看图片，激发兴趣，使学生自主提出研究问题。通过集体讨论，明晰实地考察的任务内容和方法要求，为有序开展活动体验和形成解决问题的思路奠定基础。

（二）观察物品，明晰整理对象

①带领学生分小组到实地进行物品观察，引导学生通过各种途径感知并记录物品的形状、数量、大小等。

②组织学生汇报记录结果、分享体会感受。

③确定和统一物品的种类、数量。

实践意图：观察需整理的各类物品，认知物品的形状、数量、大小等特征，初步发展学生观察、估算和空间想象的能力。

学生观察和记录物品的特征

学生记录的物品及其数量

美术书	21包	音乐书	10包	科学书	5包
语文书	2包	道德与法治	5包	国学经典	2包
新华字典	5包	篮球	100个	气排球	100个

（三）实地考察，感知仓库大小

①准备8把米尺，带领学生到仓库进行实地考察，引导学生观察和合作测量仓库。

②组织学生交流、分享自己的发现和整理仓库的想法。

③确定和统一仓库的长、宽、高。

实践意图：进入仓库，实地考察，感知仓库的大小，用整体和部分的知识将仓库和物品联系起来，初步发展空间观念。

学生观察、记录仓库的大小

（四）确定问题，理解任务目标

①刚刚，我们观察到学校有一间空的仓库和很多剩余物品，现在知道我们要解决什么问题吗？

②为什么要整理这些物品？

③怎样整理才叫"有序"？

④"有序"能给我们带来什么好处？

实践意图：基于观察到的各类物品、仓库，发现、提出、聚焦并理解实际问题，明确任务内容和评价标准，培养学生提出问题的能力。

（五）分析问题，提炼影响因素

①整理仓库时我们要考虑什么呢？还有什么因素可能会影响我们整理仓库？

②整理仓库时哪些是一直不变的？哪些是在实际生活中可能会改变的？

③提炼关键词，如仓库大小、物品形状、物品数量、摆放位置等。

实践意图：分析问题，寻找影响整理仓库的各种因素，确定定量和变量，培养学生语言表达能力和逻辑推理能力。

（六）思考联系，提出具体假设

①我们的书本是一包一包的，你觉得什么图形跟它们长得很像？如果我要把一包书画出来，那怎样画更简便呢？

②我们的仓库看起来像什么形状？它的地面像一个什么图形？仓库并不是标准长方形，还多出了一小部分，怎么办？

【具体假设】

假设1：把各种物品抽象简化为规则的几何图形。

假设2：适当减少并确定物品的数量，并将每类物品的图形设为一样。

假设3：墙体边缘多出的窄地砖忽略不计。

实践意图：思考影响因素之间的联系，在抓住主要因素的前提下，提出具体假设，简化问题，培养学生的抽象能力。

（七）聚焦本质，提炼数学问题

①解决整理仓库的问题，会用到哪些数学知识?

②教师总结：整理仓库其实就是在有限的空间里分类布局各类物品的位置。

实践意图：思考问题背后的数学本质，提炼出需要解决的核心问题和关键问题，培养学生聚焦问题的能力。

（八）理清思路，梳理建模步骤

①我们整理仓库的步骤是什么？和你的同桌交流讨论先做什么、再做什么。

②教师组织集体汇报，记录发言并梳理思路，确定问题解决的步骤和方法：分类整理——设计图纸（绘制平面图、绘制剖面图、完善和修改设计图、建构三维模拟图）——整理仓库。

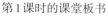

第1课时的课堂板书

学生汇报整理仓库的步骤

实践意图：思考问题解决的途径和方法，梳理数学建模的思路和步骤，体会方法的多样化，发展学生勇于探究和解决问题的素养。

（九）再次认知各种物品及仓库

①课上：将学生分为几个小组，规定各小组自由观察的时间，分析思考规划方案，下节课进行设计。

②课后：学生再次认知各种物品及仓库，教师通过谈话了解学生对整理仓库的想法和疑问。

实践意图：再次感知各种物品及仓库，加深印象，为接下来设计整理方案奠定基础。

五、教学反思

（一）真情境，真体验

一年级学生的具象思维决定了他们对万事万物须亲眼看见，须亲手操作，须亲身体验。面对现实问题——将种类繁多、数量庞大、大小不一的物品有序整理至仓库，学生务必要对物品和仓库都有深刻的理解，包括数感、量感、空间感。《义务教育数学课程标准（2022年版）》（以下简称"新课标"）指出，要创设真实情境，引导学生经历简单的数据搜集和整理，感悟搜集数据的意义和方法，用数学语言表达数据所蕴含的信息，形成初步的数据意识。因此，既然我们有看得见、摸得着的真物品、真仓库，就应该让学生去真体验、真探索。第一课时中，我们首先创设了"课前讨论"环节，先由学生进行头脑风暴，自发性地确定实地考察的任务内容和方法要求，再根据前期调研所形成的"学习单"进行小组合作、实地考察。带着目标，学生用了近一小时来观察、数数、测量、记录、讨论。虽然他们才一年级，搜集的数据不够完整、准确、严谨，但是他们用拼音、文字、图画等方式表达出了他们真实的感悟，呈现出了物品的主要特征。儿童视角下的数学语言更别致地表达了现实情境。这也为后续数学抽象、建立模型、检验模型、运用模型积累了深刻而丰富的表象经验。

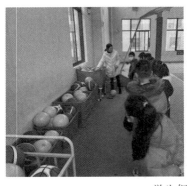

学生们实地记录书本和体育器材

（二）繁化简，寻本质

现实情境的真实问题总是会受各种因素影响。例如，仓库的地面不是规则的几何图形，有一面墙的柜子和一些画作无法移开。在固定大小的仓库里，物品的种类、形状、大小、数量和摆放的位置等都会影响学生有序整理物品。这时，教师和学生们会思考：所有的因素都要考虑吗？如果不是，哪些因素是主要的？哪些因素是可以忽略的？主要的影响因素之间有着怎样的联系？或许有些专业术语对一年级学生来说太抽象、太复杂，但是在教师开放式的追问下、在学生们的互问下，学生能逐渐厘清问题的主次。为了将生活问题数学化、复杂问题简单化、解决途径可行化、探究方法多样化，师生抓住主要因素，提出了具体假设，聚焦了数学本质，提炼了数学问题。"如何在有限的空间里分类布局各类物品的位置？"简单的一句话，包含了学生的数学眼光、数学思维和数学语言，体现了学生发现问题、提出问题、分析问题、提炼问题的思考过程，更为之后解决问题、优化问题、总结问题奠定了基础。

学生汇报观察到的物品情况

《我是仓库整理师》学历单（第一阶段）

小组成员：＿＿＿＿＿＿＿＿＿＿＿＿＿＿

一、感知物品

● 数一数，画一画，量一量

物品	数量	形状	大小
			感知

二、感知仓库

● 请画出以下位置的形状。

仓库	地面	墙面①	墙面②	墙面③	墙面④

《我是仓库整理师》学历单（第一阶段）

小组成员：

一、感知物品

● 数一数，画一画，量一量

物品	数量	形状	大小
美术书	21包	□	大
音乐书	10包	□	大
科学书	5包	□	大
语文书	2包	□	大
道德与法治	5包	□	大
国学经典	2包	□	感知 中
新华字典	5包	□	小
篮球	100个	⊕	
气排球	100个	○	

二、感知仓库

● 请画出以下位置的形状。

仓库	地面	墙面①	墙面②	墙面③	墙面④
	32↑	5↑	5↑	2↑	2↑

学生填写的第一阶段学历单

第2课时　做题阶段

一、学习内容

绘制设计图，规划物品空间布局；解说方案，修改设计，优化模型。

二、学习目标

①根据前期的观察、分析、思考、讨论初步设计整理方案，绘制整理的平面图纸，认识各类物品与仓库的关系，即部分与整体的关系。

②平面图纸设计之后，根据自己的想法，独立动手绘制剖面图纸，即物品摆放的上下顺序，进一步发展空间观念和动手操作能力。

③学生相互分享自己的方案，并到仓库实地解说自己的构想，在这个过程中发现自己方案的优、缺点，发展语言表达能力和质疑精神。

三、学习重难点

重点：绘制整理方案的平面图和剖面图。

难点：绘制剖面图，通过解说主动发现自己的方案的优、缺点，并能调整。

四、学习过程

（一）设计方案，绘制平面图纸

①给学生提供仓库平面图，并印上地砖格。

②组织学生进行方案设计。

③巡视学生动手设计方案，提醒他们关注物品的数量，结合物品数量看摆放位置是否需要调整。

④初步了解学生大致设计了几种不同类型的方案。

实践意图：根据前期构想，在A4纸上设计整理仓库的平面图纸；认识各类物品与仓库的关系，即部分与整体的关系。

学生绘制平面图

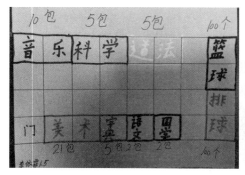

学生绘制的平面图

（二）完善方案，绘制剖面图纸

①讲解什么是剖面图，帮助学生理解要求。

②给学生准备空白A4纸，引导学生绘制剖面图。

③在学生绘制的过程给予相应的指导。

实践意图：有了平面图的大致规划，需要处理细节的部分，结合整体与部分的关系，进行剖面图纸的设计，将整体方案进行完善。

学生绘制剖面图　　　　　　　　　　学生绘制的剖面图

（三）分享方案，实地解说构想

①将学生的方案进行分类，筛选出有代表性的方案，让设计者在仓库进行实地解说。

②解说的过程中，组织其他学生认真倾听，并请同类型方案的同学进行补充，请其他同学评价方案的优、缺点。

实践意图：结合设计的方案，到仓库进行现场解说，了解自己的构想在现实中的可行性。

学生实地解说方案

（四）课后任务：改进平面、剖面方案设计图

①根据实地解说，发现自己方案中的可行性部分，修改不可行的部分。

②根据同学的建议和自己的反思改进方案设计图。

③建构三维模拟图，即将平面图（地面）、剖面图（墙面）的图片贴纸在无盖长方体盒子里。

实践意图：基于实地解说方案的构想，听取他人的建议，发现需要修改完善的部分，对自己的方案进行修改，为后续的实际操作奠定基础。

学生修改、完善方案

五、教学反思

（一）基学情，建模型

问题，因学情而起，也因学情而解。如果说，教师能帮助学生开出花，那学情就决定了学生怎样开花、开出什么样的花。学情的客观性、规律性、复杂性、可塑性不同，建构模型的方式和结果就可能不同。"我是仓库整理师"是一个极具开放性的活动，既可以在一年级开展，也可以在六年级开展，甚至是初、高中及以上学段。那么，在一年级开展和在其他学段开展数学建模有什么不同呢？相比于其他学段，一年级学生年龄小、生活经验有限、抽象思维欠缺、学科知识单薄，又该如何指导一年级学生建模呢？模型形式如何呢？一系列的问题源于学情，也因学情而破解。学生不理解影响因素、具体假设、检验模型等词语，我们就以贴合儿童思维的开放性提问来引导，如把"影响仓库整理的因素有哪些"改为"整理仓库时要考虑什么"，把将物品简化为几何图形改为"要把一包书画出来，怎样画最简便"。学生还没系统地学习测量，我们就让

他们通过"一拃""一手臂""一块方砖"来感知大小。学生数不清楚书本的数量，我们就以估一估或一包一包地数。一年级学生活泼好动、注意力易分散，我们就设计"学习单"，以任务驱动。一年级学生难以厘清物品和仓库之间的空间大小关系，我们就花大量时间去亲身感知、实地检验。学生无法理解和表示三维空间，我们就画平面图、剖面图，并将不同视角的图纸放进无盖长方体纸盒里建构三维模拟图。在建构模型的过程中，教师引导着学生，学生也启发着教师，教学相长，以学情促教学，学生和教师的成长都令人惊叹！

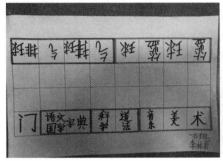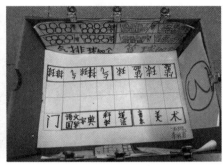

学生绘制的平面图及剖面图

（二）三对比，改模型

建构模型和改进模型的主体始终是学生，但他们却不只是单纯地画与说，而是在横向比较中纵向发展。一对比，对比设计的模型（模拟图）与现实情境是否相符，操作化活动是实地解说，目的是检验模型（模拟图）的可行性。通过生生互评、教师指导，既将抽象的模型回归现实，经受现实的检验，又为检验模型、改进模型提供了最有力的证据、最直观的方向、最具体的建议，使学生建构的模型（模拟图）里包含了对现实世界的抽象思考，保证了模型在现实世界中行之有效。二对比，对比自己的初设计和再设计，操作化活动是修改与分享，目的是体会数学关系与规律。实地解说往往会给予学生很多经验、激发学生很多灵感、触动学生很多思考，因此他们需要修改原来的平面图和剖面图，并将两次或多次设计进行对比分析。学生围绕"第一次是怎样设计的？这一次做了哪些修改？为什么要这样修改？"等思考，体会到了仓库空间与物品形状、数量、位置之间的关系，尤其是位置变量的重要性和多样性。同时，学生还进一步联系了整体与部分，认识到空间关系和数量关系，发现模型中蕴藏着的数量关系和变化规律。三对比，对比自己设计的模型（模拟图）与他人设计的模型（模拟图），操作化活动是生生互评，目的是发展学生个性化思维。优秀的作品绝不只是孤芳自赏。通过生生互评，学生互相学习、互相欣赏，就会有更开阔的视野、更广阔的胸襟、更开放的思维，从而进一步优化模型（模拟图），精益求精。

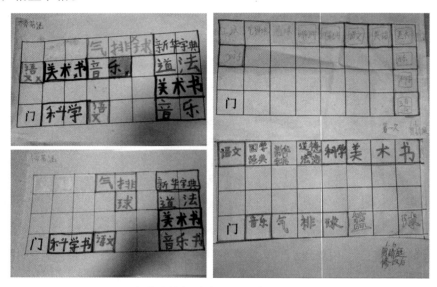

两个学生的初设计和再设计对比

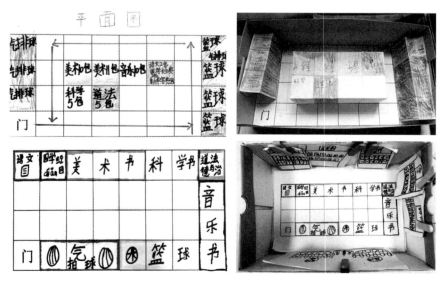

不同学生的设计

第3课时 结题阶段（一）

一、学习内容

展示精选设计方案，依图实践整理仓库。

二、学习目标

①展示方案设计，听取他人意见，通过自我评价、学生互评、教师评价、专家评价等优化设计方案，发展表达能力、倾听能力和批判质疑精神。

②完善并确定方案，完成仓库整理，发展动手操作能力和合作能力，提升社会参与、实践创新的素养。

三、学习重难点

重点：勇敢大方、条理清晰地展示设计方案，并将方案付诸实践，完成仓库整理。

难点：按照方案设计实践操作，完成仓库整理。

四、学习过程

（一）成果展示，生生相互评价

1.组织并协助学生有序展示设计方案

①小组分享。

②全班分享。

2.组织生生互评，提炼观点

①学生自评。

②同学互评。

实践意图：学生展示方案设计，互听互评，互相学习，培养学生的表达能力、倾听能力和批判质疑精神。

小组展示与评价

全班分享与自评

（二）模型检验，听取专家点评

邀请专家（数学教师、美术教师、总务处教师、学生家长）进行点评，并做好记录。

实践意图：请专家进行评估，听取专家的点评和建议，为完善和确定方案增加信度，有利于方案实际落地。

专家点评

一年级数学建模活动"我是仓库整理师"专家评价表

姓名：_____　学科：_____

学生作品	学生姓名	分类有序（5分）	布局合理（5分）	设计精美（5分）	富有创意（5分）	表达清晰（5分）	总计
	余峻扬						
	杨茗涵						
	陈念祖						
	贺婧庭						

（三）精选方案，共同修改完善

①组织学生投票，精选出优秀设计方案。

②完成方案定稿，明确课后整理仓库的人员和任务。

实践意图：评选一些优秀方案，一起学习；选择其中一种方案共同修改完善，并定稿，为接下来实际整理仓库奠定基础。

小组完善方案

（四）课后任务：实践操作，整理仓库

在教师的引导下，对照设计方案有序整理物品：

①将所有物品按照学科分门别类，并清点数量。

②将支架、收纳筐等按设计图放置。

③对照设计图规划分区，并制作、张贴物品标签在指定区域。

④有序将物品按类别放置在指定区域，并清点数量。

⑤检查，清洁。

五、教学反思

（一）多向度，验模型

评价是师生持续开展活动的动力、激励和导向。在本次数学建模活动中，我们将评价与模型检验紧密结合，并将目标由评估学生"学会"转向引导学生"会学"，让学生在评价中优化学习方法。学生共经历了两次模型检验。学生初次建立模型之后进行实地解说，这时的自我反思和学生评价是第一次模型检验；学生修改模型之后进行集体分享，这时的同学互评和专家点评是第二次模型检验。由于绘制图纸不仅涉及数学学科，还涉及美术学科、总务后勤，并延伸至家务劳动。因此，在第二次模型检验中，参与专家点评的人员有数学教师、美术教师、总务处教师和家长代表。评价的主体是多元的，自我评价、同学互评、专家点评都能让学生在建立模型、改进模型、优化模型的过程中感受到标准、温度和方向，体会到多维度评价的意义，感悟到多样性检验的价值。结合评价与模型检验，真正做到跨学科之视野，延校外之场域，融五育之向度！

专家点评，多元评价

（二）展个性，创思维

数学建模活动与数学课是有区别的。虽然，二者同样用到数学眼光、数学思维、数学语言，同样强调生活情境与问题解决，同样注重实际运用和综合创新，同样发展学生数学学科核心素养。但是，数学建模活动没有标准答案。在梳理解决问题步骤之前，师生在评价标准上达成了共识，即"有序"，表现在摆放和提取两个方面。在此基础上，尽可能地用有限的空间摆更多的物品。基于这一标准，孩子们绘制的模拟图各不相同。在形式上，学生通过汉字、拼音、画图、剪纸等多种方式绘制图纸。在内容上，有的孩子设计在仓库四周摆放物品，中间留出过道；有些孩子设计在仓库中间摆放物品，四周为过道；有的孩子想节约成本，直接将书本分类堆放在地上；有的孩子为了提取方便设计支架分类摆放；有的孩子每一列放同一类物品，物品的数量越多，摆放得越高，物品的数量越少，摆放得越矮；有的孩子考虑到空间利用，数量较少的两类物品可以放在同一列，第一层为一类物品，第二层为另外一类物品；有些孩子考虑到物品数量越多，所占方块数越多（占地面积越大），物品数量越少，所占方块数越少（占地面积越小）；有的孩子考虑到有窗户的一侧不能将物品堆太高，以免遮挡窗户，不能通风透气；有的孩子还考虑到安全问题，增添了消防设备。

小小的问题，融合了学科与生活、设计与运用、想象与创造、自主与合作、健康与安全，尽展五育融合的独特魅力，也体现了学生的个性化发展。

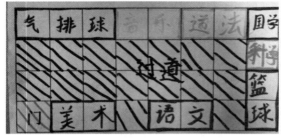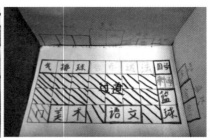

考虑数量关系与空间大小

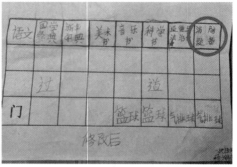

考虑体育器材和书籍分类摆放及数量关系　　　考虑安全问题，增添消防设备

部分学生作品

第4课时　结题阶段（二）

一、学习内容

回顾选题、开题、做题、结题的过程，总结迁移数学建模的经验。

二、学习目标

①模拟仓库的使用，体验劳动成果，感知设计图纸和实物之间的区别和联系，进一步体会整体与部分的关系，发展空间观念。

②回顾反思选题、开题、做题、结题的过程，交流收获、困惑和计划等，思考相似情境，感知数学建模的意义，迁移数学建模的活动经验。

三、重难点

重点：体验成果，分享收获，反思意义。

难点：感知设计图纸和实物之间的联系。

四、学习过程

（一）模拟使用，体验建模成果

①带领学生到仓库，再次观察设计图纸和实物。教师提问：请同学们仔细观察设计图和仓库，你有什么想法和发现？

②组织学生分小组到仓库提取某一物品和放置某一物品。教师提问：请你去仓库找一本美术书，同时请你把语文书放回仓库。

实践意图：体验劳动成果，感知设计图纸和实物之间的区别和联系，从而获得成就感和自豪感；进一步体会整体与部分的关系，发展空间观念。

（二）回顾反思，提炼建模意义

①制作并播放学生选题、开题、做题、结题的过程照片，引导学生回忆建模过程。教师提问：在整个建模的过程中，你遇到了什么困难？是如何解决的？

②倾听学生发言，及时正面评价。

③呈现相似情景的照片，引导学生讲述解决思路。教师提问：说一说生活

中哪些事情和整理仓库很像？它们的相似点在哪里呢？你打算怎么解决？

　　④总结建模意义，鼓励学生建模。教师提问：你认为建模课和我们平时的数学课有什么不同的地方？在这个过程中你有什么收获？

回顾建模过程

分享建模感受

总结建模收获

推广建模经验

五、教学反思

　　"新课标"明确指出模型意识是小学阶段核心素养的表现之一。模型意识主要是指对数学模型普适性的初步感悟，知道数学模型可以用来解决一类问题，能够认识到现实生活中大量的问题都与数学有关，有意识地用数学的概念与方法予以解释。因此，"我是仓库整理师"不仅仅是一次数学建模活动，更是一年级小学生模型意识的启蒙活动。在第四课时中，学生通过回顾建模过程、总结建模收获，深刻体会了数学建模的意义。不止于此，学生还要联系生活，推广建模经验，思考生活中有没有和整理仓库很像的问题。学生提出很多相似情境，如快递站如何整理包裹、超市里如何整理物品、图书馆如何整理图书等。

在这个活动中，模型是什么呢？真正的模型并不是孩子们绘制的模拟图，而是解决类似问题的策略。因此，数学建模活动不仅仅是通过解决某个问题得到的一个结果，而是孩子挖掘和发现表面模型背后解决问题的原模型。看似简单的物品整理问题，学生经历了发现问题、提出问题、分析问题、提炼问题、解决问题、优化问题、总结问题的思考过程，展示了孩子们在解决问题中建立模型、改进模型、优化模型的思维过程。在这次实践活动中，学生建立了空间模型。

空间模型一：把握整体与部分之间的关系，把一个整体分为几个部分，并了解数量关系和变化规律。学生通过直觉认知累加过程，发现部分越多，整体越大；部分越少，整体越小，体会数量多少与空间大小的关系和规律。

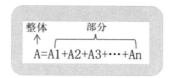

整体	仓库	支架	行列	收纳筐
部分	支架1、支架2、支架3	每一行、每一列	收纳筐1、收纳筐2、收纳筐3	物品1、物品2、物品3
关系	仓库与支架之间的关系	支架与行列之间的关系	行列与收纳筐之间的关系	收纳筐与物品之间的关系

空间模型一

空间模型二：空间布局策略。要解决"在有限的空间里分类布局各类物品的位置"这种问题，一般需要3个步骤。

步骤1：将数量繁多、形状各异、大小不一的实物进行数学抽象，简化为规则的几何图形。

步骤2：将不同特征的几何图形分类整理、有序排列，完成初步空间规划。

步骤3：设计布局，优化储存空间和流动空间。

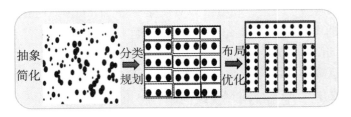

步骤1：数学抽象、简化
步骤2：分类整理、初步规划
步骤3：设计、优化布局

空间模型二

　　空间模型，自然而然地渗透了学生的数感、量感、几何直观、空间观念、数据意识、应用意识、创新意识。这些素养是综合性的、持续性的、延伸性的，伴随着学生的思维不断成长。

　　点评：数学建模，可小可大。小之于数学建模可在基础教育中启蒙发芽，迸发思维的小火花；大之于数学建模可以从书本走进生活，为社会创造价值。在数学建模的过程中，教师研究激发着学生研究，教师合作影响着学生合作，教师创新启迪着学生创新，教师实践带动着学生实践。在教学相长中，小学数学建模还在开花。

同学们展示自己的作品

二年级建模活动

学校放学时序优化管理

第1课时　选题、开题阶段

一、学习内容

基于真实情境，确定实际问题，明确影响因素，提出相关假设，形成解决思路。

二、学习目标

①通过视频了解学校放学拥挤的问题，进入真实情境。

②明确合理规划放学时序的现实问题和影响因素，做出相关假设，明确标准，形成解决问题的思路。

③培养发现问题、提出问题的能力，发展学生的理性思维。

三、学习重难点

重点：审视实际问题，明确影响因素，形成解题思路。

难点：形成解题思路。

四、教学过程

（一）进入情境，发现真实问题

①播放视频，感受真实情境。

②发现真实问题。看完视频教师提问，学生讨论交流。

师：作为学校的小主人翁，为了让学校变得更加美好，你有什么想法呢？

生：希望大家放学时有序排队；要是按时间顺序来放学可能会好点；把每层楼各个班分别走哪个楼梯进行一个规定，可能会改善目前的状况。

（二）理解问题，提出影响因素

1.明确问题

师：我校学生多，各班整理、排队、放学的时间比较长，楼道和放学地点会产生一定的拥堵，安全存在一定隐患。因此，需要合理优化放学方案来缓解拥堵。

师：能不能解释里面的关键词？

生：（理解关键词）

2.讨论影响因素、初步提出解决办法

师：怎样才能让我们的放学过程变得更加文明、有序、安全呢？

引导学生自由发言交流

3.聚焦影响因素

师：影响放学时间和秩序的主要因素有哪些？从数学的角度概括。

生：时间、点位、路线。

把不重要的影响因素确定下来，简化问题。

（三）理解问题，提出影响因素

引导学生明晰问题的本质是，如何优化学校已有的各班放学时间、路线、点位。

（四）全课回顾，反思收获

师：这节课进行到这里，看到黑板上、导学单上你们做出的成果，你有什么感受？

生：（反思后，谈感想和收获）

（五）板书设计

板书呈现的是本课重点：优化学校现有放学时间、路线、点位。

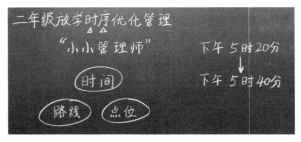

第一课时的板书

五、课后任务

每个人独立完成关于各班放学情况的调查表。

六、教学分享

（一）教学学历单

引导学生从他们的角度去分析问题产生的原因，以及初步思考解决问题的方向。

①你认为现在学校放学拥堵的原因是什么？

②你可以想到什么方法来缓解拥堵呢？

放学时校门口现状

（二）教学过程的经验分享

本课主要借助视频还原真实情景、激发学生的兴趣，以及引起学生迫切解决问题的愿望；通过学生观看视频后的感受和想法，明确建模研究主题——学校放学时序优化管理。

1. 对学生的学前状态进行调查分析，针对性设计教学流程

学前分析：很多学生都能提出一些造成放学拥堵的因素，比如：放学时间、行进路线及校门外班级站位等。学生具有分析问题的能力，但是对于如何结合已有的放学方案去优化调整现有的情况，学生的想法比较零散，不够全面系统。在对学生有了初步的了解后，我们就"如何带领学生形成和明确研究问题？"开启了第一课时的探索。

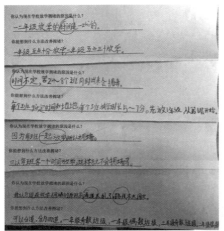
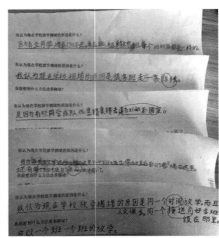

学生进行的学前调查

2. 在理解问题、提出影响因素时的经验

前期调查中发现二年级学生太小，对主要因素、次要因素等词语不是很理解，所以先提出学生能明白的问题——怎样才能让我们的放学过程变得更加文明、有序、安全呢。通过思考这个问题，学生实际也就是在思考哪些方面可以通过我们的行动改善拥堵，自然而然引导学生在全班交流讨论中找到影响拥堵的主要原因，并用关键词语概括。

3. 在聚焦影响因素部分时的经验

二年级学生由于年龄较小，说的点比较杂乱和零散，孩子说出时间等关键词后及时引导学生从数学的角度概括所说内容，比如时间就是数学研究的范畴。指导孩子明白后都能以关键词的形式概括、提炼影响因素。

二年级学生放学中

4.课堂生成

学生能在课堂中积极思考、踊跃发言、不断尝试总结实际场景中发现的问题，能从数学角度分析问题，尝试提炼、概括影响解决该问题的因素。

学生总结实际情景中的问题　　　　　学生尝试提炼、概括影响因素

第2课时　做题阶段（一）

一、学习内容

分析出调查数据方向，即搜集哪些方面的数据，可制作统计表。

二、学习目标

①通过分析影响因素，明确调查数据方向，调查二年级各班放学的整理时间、影响放学时序的关键数据；培养学生建立模型、解决问题的能力，发展学生的统计意识。

②通过合作交流，培养学生的合作能力和主人翁意识。

三、学习重难点

重点：分析出调查数据方向，即搜集哪些方面的数据，制定统计表。

难点：分析出调查数据方向，即搜集哪些方面的数据，制定统计表；小组合作搜集数据。

四、教学过程

（一）分析影响因素，明确调查数据方向

1. 时间方面

师：上节课我们找到了放学时间是造成拥堵的重要因素，那什么因素又会影响我们能不能准时放学呢？

生：大家整理自己东西的时间、打扫卫生的时间、排队的时间。

师：大家说到的其实就是放学前整理的时间，放学整理主要整理哪些？

生：（讨论交流）

2. 路线方面

师：大家上节课都提到了楼道拥堵，是因为每个班没有固定的路线，为了合理分配路线，大家需要调查什么呢？

生：每个楼梯有几个班级通过、每个门有几个班通过、每个班级走的路线是什么。

师：我们现在有3个楼梯、2个校门，经过楼梯走到校门，有哪几条不同的路线？

3. 点位方面

师：前面的学习中提出了重新设置点位的想法，那需要调查哪些信息，才能帮助我们更好地划分点位呢？

生：要知道每个班的点位在哪里。

（二）整理调查内容，制定数据统计表

1. 时间方面

全班一起完善，将整理项目补充完整，明确在时间方面需要调查哪些数据？经过讨论发现需要整理书包、饭盒、排队的数据，即可形成关于时间这一影响因素的调查统计表。

2. 路线方面

全班一起完善，梳理出我校放学经过楼梯到校门的不同6条路线，绘制成表格。

3. 点位方面

绘制校门口的点位调查表。

（三）板书设计

板书呈现的本课重点：引导学生从放学时间、路线、点位三个方面采集数据。

第2课时的板书

五、课后任务

以小组为单位，在放学时间段搜集所需的数据并汇总。

学校放学时序优化管理

放学整理时间表

二年级 整理项目	铅盒整理	书包整理	排队
1班	3分	4分	1分
2班	3分	5分	2分
3班	3分	4分	1分
4班	3分	5分	2分
5班	2分	5分	1分
6班	3分	4分	2分
7班	3分	4分	2分
8班	2分	4分	1分
9班	3分	4分	2分
10班	2分	4分	2分
11班	3分	5分	1分
12班	3分	4分	1分
13班	2分	4分	8分
14班	3分	5分	1分
15班	3分	5分	2分
16班	3分	5分	2分
17班	2分	5分	2分
18班	2分	4分	1分

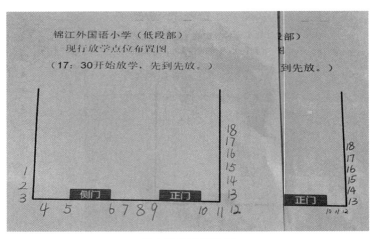

学生搜集到的数据

六、教学分享

（一）教学学历单

引导学生分析出目前学校现有的放学行进路线，绘制成表，便于课下搜集数据。

教学学历单

二年级各班行进路线情况表					
四海梯—学校侧门	四海梯—学校正门	中华梯—学校侧门	中华梯—学校正门	融汇梯—学校侧门	融汇梯—学校正门

放学整理时间表			
整理项目			
二年级1班			
二年级2班			
二年级3班			
二年级4班			
二年级5班			
二年级6班			
二年级7班			
……			

×××小学(低段部)
现行放学点位布置图
(17:30开始放学，先到先放。)

（二）教学过程的经验分享

本课主要是引导学生一起分析出调查数据的方向，即搜集哪些方面的数据，并制作统计表，为后续理清关键数据做铺垫。

1. 在课时划分方面的经验

低学段孩子在调查数据上还存在困难，不知道从何入手，所以这里需要教师提供方法指导，引导学生从3个主要因素入手分析，应该去调查哪些方面的数据，全班达成一致后，制定统计表。

2. 引导学生课后调查、搜集数据方面的经验

这个地方的困难在于班级较多，在放学短时间内需要搜集的数据比较多，仅仅靠一个人的力量在每天放学时段搜集众多数据存在困难。所以，指导学生分组，让学生以小组的形式开展调查，并且引导对每个小组在课上就调查方法做出思考和指导。然后，给学生充足的课后时间去调查统计数据。

3. 课堂生成

学生在课堂上以小组形式就调查方法进行思考与讨论，明晰课后搜集数据的任务分配。

学生分享形成统计表的过程

学生统计调查数据小组分工现场

第3课时　做题阶段（二）

一、学习内容

分析数据，提出初步解决问题的思路，初步建立相关模型。

二、学习目标

①分析数据，提出初步解决问题的思路，初步建立相关模型。
②通过汇报交流，培养学生的批判思维和主人翁意识。

三、学习重难点

重点：分析数据，提出初步解决问题的思路。
难点：初步建立相关模型，提出解决问题的思路。

四、教学过程

（一）分析数据，初步思考解决方案

1. 放学整理时间表

师：这些是第一小组同学调查的各班放学整理时间的数据，我将这些资料整理到了电脑上，请你观察一下，你发现了什么？

生：每班放学整理时间都不超过10分钟、各班书包整理花费的时间最多。

师：如果各班都在调度时间才开始整理，能够准时放学吗？会造成什么现象？

生：各个班级拥堵在同一时间放学，造成楼道拥堵。

师：你有什么好的方法吗？和同桌交流一下。

生：在调度时间前10分钟就开始整理。

师：二年级放学调度时间有10分钟，如果每个班级都能在开始调度时准时放学，18个班级同时出班门，这样会造成什么现象？请你和同桌讨论一下。

生：错时放学。

2. 各班行进路线表

师：第二小组同学搜集整理的二年级各班行进路线情况，我也把它整理到了电脑上。请你观察一下，你发现了什么？

生：很多个班级都走的同一条路线，有的路线没有班级走。

师：那你有没有什么好的办法来解决这一问题呢？请你想一想，和同桌交流一下你的想法。

生：让每个楼梯走的班级数量差不多。

师：13、14班在这里，他们走中华梯吗？

生：不是，让他走融汇梯。

师：所以你们的意思是什么？

生：每个班级尽量走离自己班级近的楼梯。

3. 放学点位

师：这是第三小组同学搜集的我们学校现行放学点位布置图，你发现了什么？

生：侧门这边的班级太少了，正门这边班级数量太多了，全部集中到了正门。

师：那你有什么好的办法来解决这个问题吗？同桌讨论一下。

生：把一些班级点位设置到侧门这边。

师：那你再观察一下，你还发现了什么问题？

生：点位是按照顺序来排列的。

师：这样合理吗？

生：不合理。

师：那我们应该将哪些班级设置到远一点的点位呢？请你思考一下，和同桌交流。

生：先放学的班级应该设置到远一点的点位，这样后面班级放学即便他们没有放完也不会拥堵。

师：哪些班级先放呀？

生：整理快的班级，并且离楼梯近的班级。

师：所以说，要想对我们学校的放学时序进行优化，这三个因素是环环紧扣、缺一不可的。接下来，我们就要去思考如何优化放学时间、路线、点位来缓解校门口拥堵，并给出具体方案。

4. 全课总结

师：上完这节课，你有什么收获？

生：我知道了可以从哪些方面去优化设计方案。

（二）板书设计

板书呈现的本课重点：通过数据分析，知道怎样进一步优化放学的时间、路线、点位。

第3课时的板书

五、课后任务

小组合作设计优化放学方案。

六、教学分享

（一）教学学历单

学生设计出初步解决问题的模型，教师提供学历单梳理出课堂讨论的内容，便于学生课下进一步优化设计方案。

"学校放学时序优化管理"——放学方案优化设计单

班级：   姓名：

温馨提示:上课时我们已经发现这三方面的因素是相互有联系哦! 根据以下问题的提示,设计出一个比较优化的放学方案。

一、时间优化

1. 我们最好让＿＿＿＿年级同学先放学,原因是＿＿＿＿＿＿＿。
2. 二年级放学时段应为( )时( )分之至( )时( )分,共( )分。
   一年级放学时段应为( )时( )分之至( )时( )分,共( )分。

如果将放学总时间分为整理时间、排队时间、进行时间,请列出算式表示出总时间的分配情况。

总时间=整理时间+排队时间+行进时间
( )＝ ( ) + ( ) + ( )

二、路线优化

1. 均分原则。每层楼道放学班级大致平均分,请用除法算式表示出某层楼班级的分配。
情况: ＿＿＿＿＿＿＿＿＿＿＿＿＿＿＿＿＿＿＿＿＿＿＿＿＿＿＿＿＿

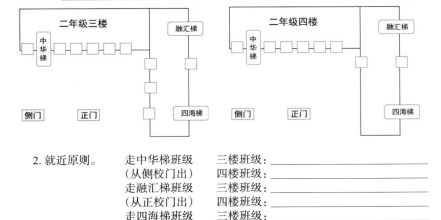

2. 就近原则。   走中华梯班级   三楼班级：＿＿＿＿＿＿＿＿＿
（从侧校门出）   四楼班级：＿＿＿＿＿＿＿＿＿
走融汇梯班级   三楼班级：＿＿＿＿＿＿＿＿＿
（从正校门出）   四楼班级：＿＿＿＿＿＿＿＿＿
走四海梯班级   三楼班级：＿＿＿＿＿＿＿＿＿
（从正校门出）   四楼班级：＿＿＿＿＿＿＿＿＿

三、点位优化

1. 在下图中用"▲"和班级名称表示出二年级每个班的放学点位。设计时,离校门( )班级应该设置在离校门较远的位置。

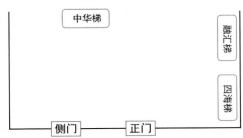

2. 放学时各班的队形可以怎样变换,不会对后面的班级造成拥堵?

（二）教学过程的经验分享

本课主要是让学生根据调查的数据进行分析，分析出目前方案存在的不合理地方，以及改进、优化的方向；整个环节的难点在于引导学生明白要对我们学校的放学时序进行优化，时间、路线、点位这三个因素是环环紧扣，缺一不可。

课堂上通过小组讨论、全班分享，学生对数据展开分析，从数据表面现象到深挖背后原因，再到提出初步优化措施，学生的模型思想初具雏形。

学生分析统计表，提出初步改进思路

第4课时　做题阶段

一、学习内容

分析优化方案，交流质疑，汇总优化方案。

二、学习目标

①学生能够用完整语言清楚表达自己方案的设计思路。
②学生能够进行有效交流，发现新问题并解决，实现方案的选择优化。
③学生进行操作方案检验，确定实施环节。

三、学习重难点

重点：交流方案的可实施性，进行合理选择。
难点：方案检验时会遇到新的问题，学生要交流，并合作解决。

四、教学过程

（一）成果汇报，生生互动评价

1. 回顾模型，考虑基本点

时间——错时放学。

路线——均分原则、就近原则。

点位——结合时间、路线，划分相应点位。

2. 交流质疑，优化汇总方案

（1）展示学生小报，并进行适当引导。

学生分组展示自己的构思小报，并简单阐述自己的想法。

（2）小组交流。

对每种方法进行针对性思考，在小组内交流并汇报可能出现的问题或解决方案。

（3）组织小组间交流活动。

小组之间质疑补充，强调还可能出现的问题，引导学生充分思考解决问题。

（4）优化方案，达成一致意见。

引导学生在时间、路线、点位方面达成一致。

3. 结合优化方案的经验，思考在过程中的收获

（1）学生回顾活动过程，总结自己在活动中的表现，在组内进行发言，其他组员进行补充。

（2）学生针对自己的活动进行自省，思考好的方面如何能够更完善，不好的方面如何改善。

（二）板书设计

板书呈现的是分享方案之前经历的研究过程，以及对不同方案的具体评比。

 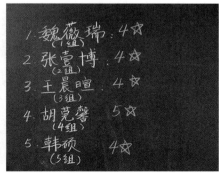

第4课时的板书

五、课后任务

小组合作设计优化放学方案。

六、教学分享

（一）课堂生成

本课主要是引导学生对自己设计的方案进行汇报，引导学生在生生交流、师生交流过程中逐步发现每位学生方案中的亮点及不足，通过讨论逐步将方案进行完善。因此，交流环节不仅设有生生交流，而且还有参与教师对分享的点评，引入师生交流，提高学生的积极性。

教师引导学生按小组分享方案

学生按小组分享方案

学生正在交流讨论方案

教师点评学生方案、提出疑问

（二）学生作品

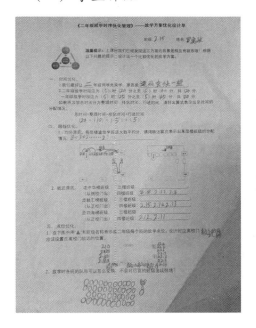

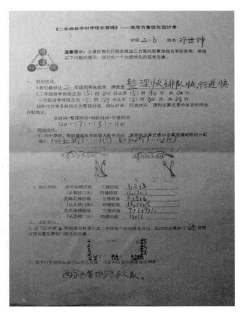

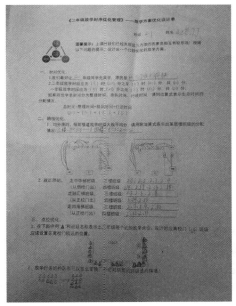

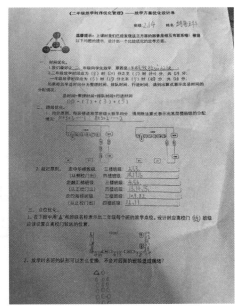

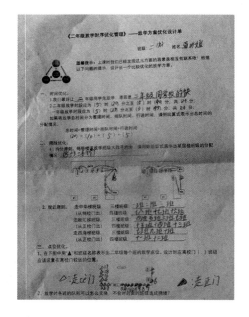
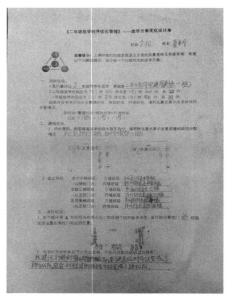

第5课时　结题阶段

一、学习内容

①汇报方案，生生互动评价。
②模型检验，积累专业经验。
③回顾反思，明确模型意义。

二、学习目标

①通过汇报最终方案，对模型的意义进行理解，培养学生的语言表达能力和理解能力，发展学生的应用意识。
②通过模型检验，积累专业经验，为后期建立其他模型打下基础。
③通过总结汇报，增强学生的主人翁意识，增加他们对数学知识的热爱。
④回顾反思，明确模型意义，体会数学模型的应用价值。

三、学习重难点

重点：模型检验，积累专业经验。
难点：进一步修改完善模型方案。

四、教学过程

（一）汇报方案，生生互动评价

1. 组织学生开展汇报交流最终方案

学生代表通过小报汇报定稿的方案。

2. 组织学生对方案的呈现过程和表达过程进行讨论

师：他对方案的设计和阐述，你们有什么意见或补充吗？

生：（开展生生互评）

（二）模型检验，积累专业经验

①邀请德育处教师针对优化后方案做出合理点评。

②试运行后观察拥堵情况有无改善。

（三）回顾反思，明确模型意义

1. 组织学生交流分享

学生独立思考此次数学建模全过程，并进行小组交流。

2. 适时对学生的想法进行点评，提升学生对数学模型的认知度

学生进行全班汇报，交流想法、感受。

（四）板书设计

板书重点呈现的是放学时序优化管理的模型，以及学生在整个建模阶段的学习过程。

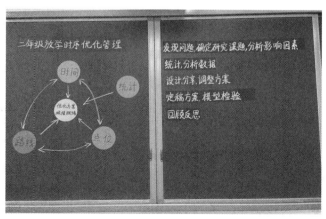

第5课时的板书

五、课后任务

制定具体放学规则，落实方案。

六、教学分享

（一）教学学历单

导学单可以引导学生思考如何检验模型、改进要点，并且可以回顾反思，明确模型意义及应用价值，还能对自己的收获进行梳理与分享。

"学校放学时序优化管理"——第5课时　导学单

班级：　姓名：

1.检验模型：怎样检验优化后的方案是否可行呢？

2.反思与改进：

我们小组对哪些环节感到满意？为什么？	我们小组对哪些环节不太满意？为什么？	我们认为还可以改进的地方是：

3.迁移应用：通过学习"二年级放学时序化管理"数学建模课程，今后还可以解决哪些类似问题？

4.我的学习收获和感想

（二）教学过程的经验分享

1.课堂生成

本课主要是引导学生展示各小组的作品，将定稿的方案进行汇报。学生通过分小组展示几个关键点的不同定稿方案，锻炼学生的思维能力、语言表达能力；引导学生思考这个项目应如何来检验模型，引导学生对比方案前后的差距，将理想化的模型放入现实放学过程中，通过现实统计来校验模型。

学生按小组分享定稿方案

学生交流　　　　　　　　　　学生分享建模期间的收获

2. 学生作品

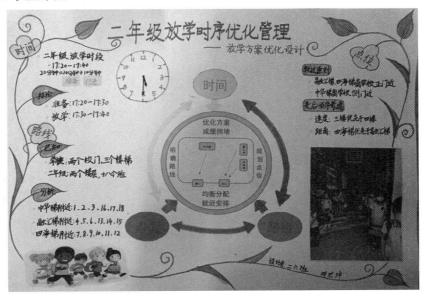

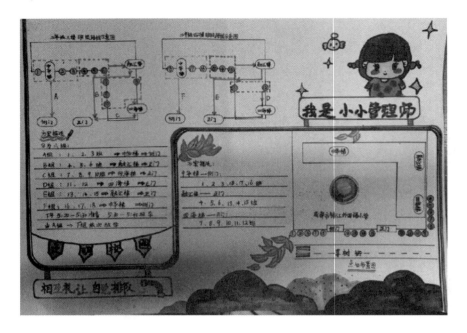

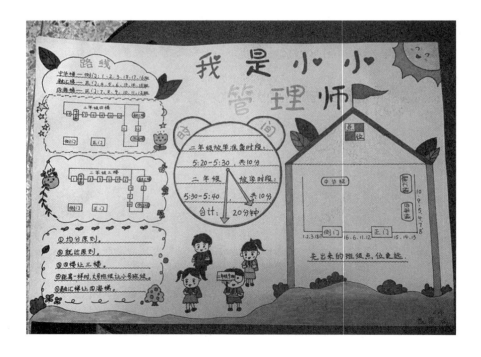

三年级建模活动

迎新树怎么摆放

第1课时　选题、开题阶段

一、学习内容

明确研究的问题，寻找影响的因素。

二、学习目标

①在真实情境中感受到实际存在的问题。
②明确"迎新树怎么摆放"的现实问题和影响因素。
③在理解实际问题、提炼数学问题的过程中，发展理性思维，以及发现和提出问题的能力。

三、学习重难点

重点：审视实际问题，明确影响因素，形成解题思路。
难点：形成解题思路。

四、学习过程

（一）观看视频，进入真实情境

①观看迎新树的图片。
②谈感受，聚焦怎样利用学校有限空间合理集中摆放迎新树的问题。
③提炼关键词。
学业要求：能围绕"迎新树怎么摆放"的问题谈自己的感受，讨论中能提

出利用学校有限空间合理集中摆放迎新树等关键点。

设计意图：通过观看迎新树的图片，进入真实情境，产生需要解决问题的意识，培养学生发现问题的意识和能力。充分理解真实问题，明确要求，培养学生提出问题的能力。

迎新树的图片

（二）呈现问题，理解实际问题

1. 倾听并理解实际问题

谈谈对"合理"一词的理解。

2. 提出问题

我们学校的场地十分有限，大队部的教师们为我们提供了3个空间较大的场地，怎样利用其中一个场地，合理地集中摆放迎新树呢？

明确要研究的问题：怎样利用学校有限空间合理地集中摆放迎新树？

3. 学生谈理解，教师归纳提炼

学业要求：明确要完成怎样利用学校有限空间合理地集中摆放迎新树的任务，并能从将全部迎新树摆下、间距一样等方面阐述合理摆放的逻辑。

设计意图：充分理解真实问题，明确要求为开题奠定基础，培养学生提出问题的能力。

（三）分析问题，提炼影响因素

1. 学生谈影响问题的因素

有多少棵迎新树需要摆放、每棵迎新树的宽度、迎新树的间距、学校布置空间的大小……

2. 教师引导学生谈对问题的理解，并归纳提炼学生发言

教师提问：解决这个问题，你觉得需要考虑些什么？先自己想一想，再和

小组成员说一说。

学业要求：能从迎新树的数量、宽度、间距、图形，以及学校布置空间的大小分析影响因素。

设计意图：从数学角度审视问题，分析解决这个问题的影响因素，培养学生分析问题的能力。找到影响迎新树怎么摆放的因素，能从迎新树数量、树与树之间的距离等方面进行分析。

（四）思考联系，提出具体假设

教师组织学生发言，做出假设。

师：这么多要考虑的方面，哪些是确定的，哪些不是确定的，可以简化一点吗？

生1：迎新树的数量是确定的。

生2：每棵迎新树的宽度是不确定的，我们可以假设他们一样。

生3：迎新树的间距是不确定的，我们可以把他们的间距看成一样的。

生4：还可以几棵迎新树一组，每组的间距是不确定的，我们可以把它们的间距看成一样的。

生5：学校的空间有些不规则，也可以将其看成规则的图形。

学业要求：能从间距、把不规则的图形看作是规则的图形、误差忽略、测量时取整数等方面进行假设。

设计意图：抓住主要因素，提出假设，将问题聚焦、简化，培养学生的推理能力。

（五）聚焦本质，提炼数学问题

1.学生谈谈实际解决的数学问题

师：思考一下，我们实际要解决的最重要的问题是什么？

生：怎样利用学校有限空间合理地集中摆放迎新树。

2.归纳提炼学生发言

学业要求：明确数学问题"怎样利用学校有限空间合理地集中摆放迎新树"。

设计意图：聚焦核心问题，关注问题本质，将实际问题抽象成数学问题，培养学生的数学抽象能力。

（六）树立假设，明确建模步骤

讨论选择哪一个场地；讨论需要知道哪些数据，它们是怎样得到的。

确定迎新树总长度、场地可用总长度、间隔数、间距等。

学业要求：能从迎新树总长度、场地可用总长度、间隔数及间距讨论出重要数据。利用学习单，引导学生思考。

设计意图：形成解决问题的思路，明确建立数学模型，培养学生的数学建模能力。

（七）明确标准，理解评价内容

1. 讨论设计的方案是否可行，需要符合哪些标准

学生明确需要符合的标准：间距一致、迎新树全部摆下、美观且有序。

2. 教师引导学生讨论，归纳、提炼学生的发言

学业要求：总结标准。

设计意图：以标准为导向，判断方案的合理性，培养学生的反思意识。

什么是"合理"？"合理"是①全部放下；②要有间隔；③有图案。

（八）课后任务：调查搜集数据

学生进行调研，获取解决问题所需基本数据：迎新树总长度、场地可用总长度、设计方案中需要的间隔数。

课上：以小组为单位，确定解决问题所需数据，下节课进行汇报。

课后：组织学生测量，得到数据。

学业要求：获得基本数据信息。

设计意图：实地调研搜集数据，测量迎新树总长度、场地可用总长度，培养学生的测量意识和搜集数据的能力。

学生测量、记录数据

五、课后思考

本课结合学生熟悉的校园生活情境，通过图片将这一真实的问题情境引入课堂，建立与生活的密切联系，学生的学习热情高涨，可以在独立思考后说出心中的想法。面对真实问题抽象出数学问题，逐步明确本次数学建模的主题——迎新树怎么摆放，再聚焦到"怎样利用学校有限空间合理集中摆放迎新树"这一问题。

从数学角度审视问题，分析解决这个问题的影响因素。三年级的学生对影响因素难以理解，所以在课堂上及时调整为"要解决这个问题，还需要知道什么？"的提问。孩子们的思考真的令人惊喜，他们想到了场地大小、树的宽度、树的棵数、间隔……通过这一系列的学习活动，让学生在讨论、总结中达到学习目的，逐步学会有序、有据地思考问题，从而培养学生分析问题的能力。"是不是所有影响因素都要考虑？可以简化吗？"引导学生抓住主要因素，提出假设，将问题聚焦、简化，培养学生的推理能力。本课是数学建模活动的第一课时，学生从现实生活问题情境中抽象出数学问题，激发学生对数学的学习兴趣，感受数学学科的可操作性，初步建立数学建模的意识。

（一）填写学习单

第一课时学习单

组号：　　组员：

活动一：讨论选择哪一个场地

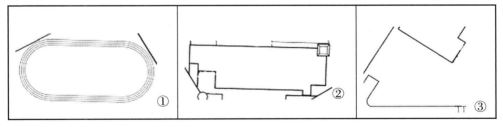

选择（　）号场地。

活动二：讨论需要知道哪些数据，怎样得到？怎样测量数据才更准确？

需要的数据：	使用工具：	怎样测量数据才更准确？

（二）指导学生搜集数据

明确搜集哪些数据，包括迎新树总长度、场地可用总长度、间隔数。知道搜集数据的方法，主要是实地调查：学生通过小组合作，用直尺、红领巾、跳绳、米尺等测量场地可用总长度。

（三）学生作品展示

活动二：讨论需要知道哪些数据，怎样得到？怎样测量数据才更准确？

需要的数据：	使用工具：	怎样测量数据才更准确？
1.场地总长度 2.迎新树的宽度 3.间隔数	米尺	1.测量接头要紧 2.记录要准

活动二：讨论需要知道哪些数据，怎样得到？怎样测量数据才更准确？

需要的数据：	使用工具：	怎样测量数据才更准确？
1.迎新树的宽度 2.场地总长度 3.间隔数	卷尺	1.对齐0刻度。 2.不能把卷尺弄歪

（四）课堂评价

课堂评价是必不可少的环节，既要关注课堂体验过程，又要重视课堂体验结果。这其中有过程性的评价，也有总结性评价；有立足知识掌握的评价，也有关注学生情感发展的评价。

"迎新树怎么摆放"学习评价表（模板）

知识技能	本节课我明确我们需要解决的问题。（　）	A清楚　　　　B不太清楚 C模模糊糊
	我知道影响问题的因素有几个?（　）	A一个因素　　B两个因素 C三个因素　　D三个以上
	我知道收集数据的方法,有_____。	
情感态度	这节课,我（　）。	A认真听讲　　B学得一般
	这节课,我能（　）他人发言。	A认真倾听　　B有时开小差
	在小组活动中,我（　）。	A积极参与　　B不完成任务

"迎新树怎么摆放"学习评价表

班级:3.11	姓名:李谨希		
知识技能	本节课我知道我们需要解决的问题。（ A ）	A清楚 B不太清楚 C模模糊糊	
	我知道要测量的数据。（ A ）	A清楚 B不太清楚 C模模糊糊	
	我知道测量数据的方法,有 直尺、红领巾、地砖 。		
情感态度	这节课,我（ A ）。	A认真听讲 B学得一般	
	这节课,我能（ A ）他人发言。	A认真倾听 B有时开小差	
	在小组活动中,我（ A ）。	A积极参与 B不完成任务	

学生填写的学习评价表

教师进行课堂评价

第2课时　做题阶段（一）

一、学习内容

实施建模活动:构建数学模型,搜集数据,选择合适的模型。

二、学习目标

①在搜集整理数据的过程中,掌握迎新树怎么摆放的关键数据。

②在理解实际问题、提炼数学问题的过程中,发展数据整理能力、理性思维。

三、学习重难点

重点：搜集数据，建立数学模型。

难点：建立合适的数学模型。

四、学习过程

（一）分享结果，清晰关键数据

1. 组织学生分享数据

师：你们能说一说，搜集了哪些数据吗？

生1：选择操场，设计封闭图形（椭圆），确定一圈长度200米；得到一棵树的宽度是30厘米，共60棵迎新树。

生2：选择大厅，设计未封闭图形（弧形），两端都不栽，中间放两棵迎新树，长是1380厘米，宽是1080厘米，确定场地可用长度3840厘米；得到一棵树的宽度是30厘米，共60棵迎新树，要61个间距。

生3：选择小操场，设计未封闭图形（"U"字形），两端都栽，确定长度9060厘米；得到一棵树的宽度是30厘米，共60棵迎新树，要59个间距。

2. 谈感受，为什么有的数据不一样

测量时没有绷直、计算出错等都会造成数据不一样，可以选择测量结果最接近的和最多的代替精确结果。

3. 你能发现什么规律

师：仔细观察这些数据，你发现了什么？分享自己的发现，间隔数与什么有关等。

生1：封闭图形的间隔数=棵数。

生2：未封闭图形（两端都不栽）的间隔数=棵数+1。

生3：未封闭图形（两端都栽）的间隔数=棵数-1。

学业要求：①学生能够分析出数据不一致可能由测量时没有绷直、计算出错等关键因素造成，可以选择与测量结果最接近的和测量结果最多的（平均数、众数）代替。

②建立模型：

封闭图形的间隔数=棵数

未封闭图形（两端都不栽）的间隔数=棵数+1

未封闭图形（两端都栽）的间隔数=棵数-1

设计意图：通过在全班分享所搜集的数据，减少误差。培养学生数学语言表达能力和解决实际问题的意识和能力。

学生分享所搜集的数据

（二）课后任务：初步设计摆放图

学生选择一个场地，进行摆放设计，得出基本数据：确定场地的摆放形式，确定间隔长度。

课上：以小组为单位，汇报解决问题所需数据，发现数据间规律。

课后：组织学生设计摆放形式，指导学生汇报。

学业要求：获得基本数据信息，确定迎新树摆放形式，确定间隔长度。

设计意图：根据所搜集到的数据，设计摆放图，考虑迎新树的棵数、总长度、间隔长度，培养学生全面思考的能力。

学生展示自己的学习过程

五、课后思考

本课是在第一课时（学生已经清楚知道需要哪些数据）的基础上进行的，学生分享自己小组测量的结果，明确关键数据。第一课时的课后作业就是学生小组合作，自由选择场地，通过实地测量，获得场地可用总长度。但由于三年级的学生，生活经验、测量经验、计算能力不足，难以十分准确地得出场地可用总长度，而数据的准确与否对问题的解决有着至关重要的影响，因此，需要学生统一测量数据，便于下一环节的开展。

在实际的课堂教学中，也真实存在学生对同一场地测量数据不一致、有着较大差异的情况。因此，学生需要在教师的引领下，思考为什么有的小组数据不一样。学生独立思考后，再进行小组讨论，最后找到原因：测量工具不统一、计算出错。

课后引导学生仔细观察搜集到的数据，发现数据间的关系，但在实施过程中发现，这个问题实在太难，后续对其进行了优化：先画摆放图，在解决（组）间距数是多少的问题中，逐步发现数据间的关系。这样的转变在二次试讲中也取得了较好的效果。通过在全班分享所搜集到的数据，减少误差，培养学生数学语言表达能力和解决实际问题的意识和能力。

（一）学习单

第二课时学习单

组号：　　　　　组员：

活动一：你们小组搜集了哪些数据？具体是多少？

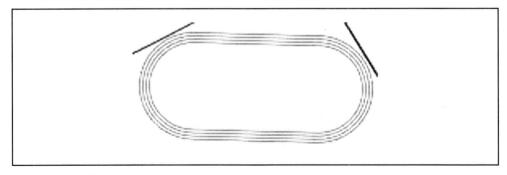

测量过程中要注意：＿＿＿＿＿＿＿＿＿＿＿＿＿＿＿＿＿＿

活动二：怎样布置场地，摆放迎新树。

布置图： 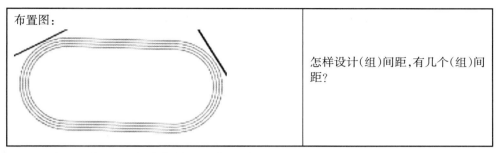	怎样设计(组)间距,有几个(组)间距?

活动三：仔细观察搜集数据，你有什么发现？

（二）学生作品

1.统一数据

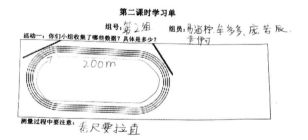

第二课时学习单

组号：第2组　　组员：易涵柠 牟多多 庞若辰 黄伊可

活动一：你们小组收集了哪些数据？具体是多少？

200m

测量过程中要注意：卷尺要拉直

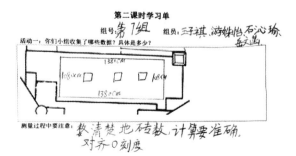

第二课时学习单

组号：第1组　　组员：王子祺 游姝怡 石沁瑜 岳天画

活动一：你们小组收集了哪些数据？具体是多少？

1380cm　1080cm　1080cm　1380cm

测量过程中要注意：数清楚地砖数,计算要准确。对齐0刻度

2. 初步布置场地，计算间隔

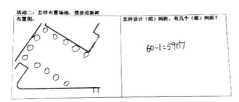

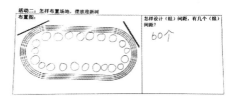

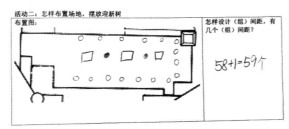

3. 发现间隔数与摆放方式关系

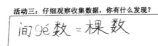

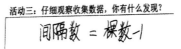

活动三：仔细观察收集数据，你有什么发现？

间隔数 = 棵数 +1

（三）课堂评价

课堂评价包括自我评价，学生应对自己的学习过程心中有数。

"迎新树怎么摆放"自我评价表（模板）

班级：　　　　　姓名：			
1.我知道测量工具要统一,记录要准确。（　　）	A完全掌握	B基本掌握	C不能完成
2.我学会计算间距的方法。（　　）	A好	B较好	C一般
3.我积极参与小组活动。（　　）	A积极参与	B一般	C不能
4.我认真倾听他人发言。（　　）	A好	B较好	C一般
5.我能有条理表达自己的想法。（　　）	A能	B一般	C不能

"迎新树怎么摆放"自我评价表

班级：3.11　　姓名：张辰			
1.我知道测量工具要统一，记录要准确。（ A ）	A 完全掌握	B 基本掌握	C 不能完成
2.我学会计算间距的方法。（ A ）	A 好	B 较好	C 一般
3.我积极参与小组活动。（ A ）	A 积极参与	B 一般	C 不能
4.我认真倾听他人发言。（ A ）	A 好	B 较好	C 一般
5.我能有条理表达自己的想法。（ A ）	A 能	B 一般	C 不能

学生填的自我评价表

第3课时　做题阶段（二）

一、学习内容

建模活动总结与反思：选择合适的数学模型，设计摆放图。

二、学习目标

①分享迎新树的摆放方案，明确重要影响因素，得出关键数据。
②在理解实际问题、提炼数学问题的过程中，提高数据整理能力、规划布局能力。

三、学习重难点

重点：设计摆放图。
难点：摆放图设计合理。

四、学习过程

（一）学生分享方案

师：请你们小组讨论分工，选出讲解员到其他小组讲解，选出聆听员根据其他小组讲解员的讲解打分。

学生轮流分享小组设计方案，共计20分钟。

得到模型：

场地总长度为A，树的总宽度为B，间距为C，棵数为N。

封闭图形：$C=(A-B)\div N$

未封闭图形（两端都不栽）：$C=(A-B)\div(N+1)$

未封闭图形（两端都栽）：$C=(A-B)\div(N-1)$

（二）学生谈感受，分析优缺点，完善方案

师：听了讲解员的介绍，你们有什么建议呢？

生1：他们小组能在学校有限空间摆放。

生2：他们小组的间距不相等，不太好。

生3：他们小组的图案设计很棒，很别致！

生4：讲解员讲得非常清楚，我一下就听懂了！

学业要求：学生能够从是否能在学校有限空间摆放、间距设计是否相等方面判断方案合理即可。

（三）利用评价表评分

设计意图：通过在全班分享设计方案，学生相互提出修改建议，不断完善方案。培养学生的反思意识。

学生分享自己的设计方案

（四）课后任务：定稿

学生活动：完善摆放方案。

课上：以小组为单位，汇报摆放方案，提出建议。

课后：组织学生完善方案，并最终定稿。

学业要求：（组）间距相等，60棵迎新树摆放完成。

设计意图：根据修改的意见修改方案，培养学生全面思考的能力。整合美术课程，设计出富有创意的摆放方案。

五、课后思考

学生在前两个课时已经清楚要解决的核心问题，搜集好了关键数据，课后，小组合作，集思广益，设计出迎新树的摆放图。在课堂上，小组成员分工，轮流分享小组设计方案，讲解员到每个组讲解，聆听员根据评价单评价。评价单的评价标准是第一课时师生讨论出的合理的标准，得到师生的一致认同，学生能够从是否能在学校有限空间摆放、间距设计是否相等方面判断合理即可。通过在全班分享设计方案，学生相互提出修改建议，不断完善方案。培养学生的反思意识。

从学生课堂反应情况来看，讲解员从一开始第一组的讲解生疏到最后的胸有成竹，底气十足，表达流利，这是孩子们的进步。聆听员不仅要认真倾听其他小组的分享讲解，还要思考他们的方案是否有不足，提出自己的建议，批判思维得到提升。当然，还有个别学生对于解决问题的思路还不是很熟悉，在进行分享交流时，表达不是特别流畅，这也是孩子们需要加油改进的地方。

（一）学习单

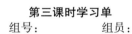

第三课时学习单

组号：　　　　　组员：

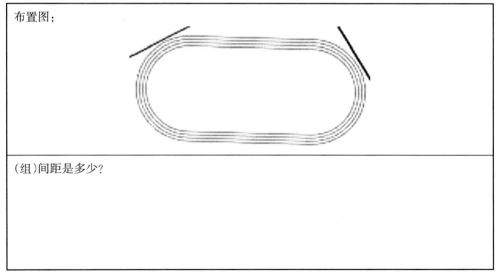

（二）学生作品

组号 第7组   组员 王子祺 游姝怡 石沁瑜 敏画

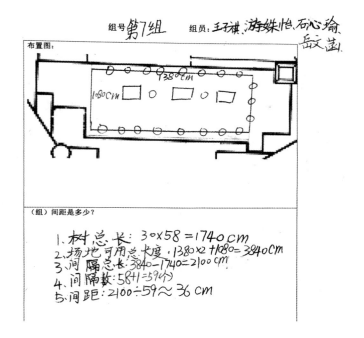

布置图：

（组）间距是多少？

1、树总长：30×58=1740 cm
2、场地可用总长度：1380×2+1080=3840 cm
3、间隔总长：3840-1740=2100 cm
4、间隔数：58+1=59(个)
5、间距：2100÷59≈36 cm

第三课时学习单

组号 第2组   组员 易函柠 牟多多 庞若辰 黄伊可

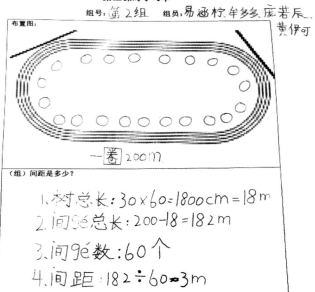

布置图：

一卷 200m

（组）间距是多少？

1、树总长：30×60=1800cm=18 m
2、间隔总长：200-18=182 m
3、间隔数：60个
4、间距：182÷60≈3m

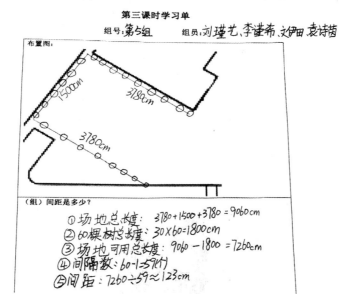

第三课时学习单

组号：第5组　　　组员：刘瑾艺、李逢希、刘伊田、袁诗茜

布置图：

1500cm
3780cm
3780cm

（组）间距是多少？

① 场地总长度：3780+1500+3780 = 9060cm
② 60棵树总长度：30×60=1800cm
③ 场地可用总长度：9060 - 1800 = 7260cm
④ 间隔数：60-1=59(个)
⑤ 间距：7260÷59≈123cm

（三）课堂评价

对小组的设计方案进行评价时须有理有据，依据相同的指标评价。

"迎新树摆放方案"评价指标

第　　小组

评价标准 组数	1. 迎新树全部摆下	2.(组)间距一致	3. 美观、有序	4.建议
1				
2				
3				
4				
5				
6				
7				
8				
9				
10				
11				

注：指标符合即一颗，2颗及以上属于A等级，1颗属于B等级，0颗属于C等级。

"迎新树摆放方案"评价指标

第 _5_ 小组

评价标准 组数	1.迎新树全部 摆下	2.（组）间距 一致	3.美观、有序	4.建议
1		☆	☆	要把树全部摆下
2	☆	☆	☆	加油,继续努力
3	☆		☆	间距要一样
4		☆	☆	树要全部摆下
5				
6	☆	☆		摆放要整齐
7	☆	☆	☆	希望下次更好
8	☆	☆	☆	间距要一样
9	☆	☆		美观要好
10	☆		☆	再大声一点
11		☆	☆	树要摆下

注：指标符合即一颗 ★ ，2颗及以上属于A等级，1颗属于B等级，0颗属于C等级.

某小组填写的评价指标表

"迎新树怎么摆放"小组活动互评评价表（模板）

按实际情况，在空格里打分。

小组成员 （姓名）	积极参加小 组活动,努 力完成活动 任务。	与组内同学 很好合作。	发言时有条 理、清楚。	认真聆听小 组成员 发言。	我想到了有 价值的 问题。	得分

评量标准:很好–4分;好–3分;普通–2分;待改进–1分。

"迎新树怎么摆放"小组活动互评评价表

按实际情况，在空格里打分。

小组成员 （姓名）	积极参加 小组活动， 努力完成 活动任务。	与组内同 学很好合 作。	发言时有 条理、清 楚。	认真聆听 小组成员 发言。	我想到了 有价值的 问题。	得分
黎子衿	3分	4分	3分	4分	3分	17分
黄梓轩	3分	4分	3分	4分	3分	17分
李成予	3分	3分	4分	4分	3分	17分
张一辰	3分	3分	3分	4分	3分	16分

评量标准：很好-4分；好-3分；普通-2分；待改进-1分；

某小组填写的小组活动互评表

第4课时　结题阶段

一、学习内容

建模活动拓展与延伸：交流设计方案，积累建模经验。

二、学习目标

①在成果汇报中，理清思路，明确判断标准，提高学生批判质疑的能力。
②在实际问题的解决中，发现数学建模的必要与便利。

三、学习重难点

重点：建立数学模型后，检验模型是否合理。
难点：建立合适的数学模型。

四、学习过程

（一）成果汇报，生生互动评价

①学生汇报成果，课前小组已修改完善方案，课中汇报小组设计方案。
汇报要点：选择几号场地设计摆放的图形、数学模型、是否全部摆下。

②让学生互评，学习值得学习的地方，了解需要改进的地方。

学业要求：学生能够从迎新树全部摆放、间距相等、美观等方面评价模型即可。

设计意图：在全班展示、讲解设计方案，生生互评。培养学生数学语言表达能力和批判意识。

在全班展示、讲解设计方案

（二）模型检验，积累专业经验

①组织学生积极思考检验方法。

教师提问：怎样才能知道他们的设计方案是否可行？模型是否正确呢？

可以通过画图验证，实际摆放，将方案呈交大队部提供选择参考，利用信息技术模拟摆放等方式检验方案。

②组织学生验证模型。

③采用实际测量，将数学模型运用在教室布置中。

学业要求：能够得出一致模型即合理。

设计意图：回顾解决问题的整个过程，发现问题解决的价值。

学生提出质疑或建议

（三）两次自省，提出改进建议

①小组活动。

思考模型是否还有需要改进的地方，进行小组内部分享。

②分享汇报。

学业要求：学生能够从迎新树全部摆放、间距相等等关键方面分析即可。

设计意图：自我反思，思考方案中是否还有修改的地方，培养学生的自我反思能力。

（四）回顾反思，明确模型意义

①反思在解决问题中得到了哪些数学模型。

总长度A，树的宽度B，间距C，棵数N

生1：$B=B_1+B_2+B_3+\cdots\cdots+B_{60}$

生2：封闭图形为$C=(A-B)\div N$

生3：未封闭图形（两端都不栽）为$C=(A-B)\div(N+1)$

生4：未封闭图形（两端都栽）为$C=(A-B)\div(N-1)$

②反思数学模型的得出要经历哪些阶段。

一般过程：明确问题——抓住主要因素——形成解决思路——提出模型——检验模型。

③思考数学模型的好处。

清晰数量关系，得以迁移运用。

④学生谈自己在建模活动中的收获。

学业要求：得到模型。

可摆放的总长度=迎新树的总长度+间隔的总长度。在封闭图形中，间隔数=棵树；在未封闭图形中，如果两端都栽，间隔数=棵树-1；在未封闭图形中，如果两端不栽，间隔数=棵树+1。

设计意图：回顾解决问题的整个过程，发现数学建模的价值。使其感受数学模型的具体应用，认识到数学模型的重要性，更加认真、自觉地投入建模知识的学习中。

（五）课后任务：规划气球布置

课上：以小组为单位，汇报成果，并修改方案。

课后：组织学生实地摆放。

学业要求：是否（组）间距一致、有规律。

设计意图：进行教室气球摆放设计，培养学生解决生活中实际问题的能力。

学生分享汇报

五、课后思考

学生经历提炼模型、模型检验的过程，对不足之处进行互相点评，教师充当一个引导者的角色，充分发挥学生在建模方面的潜力。从学生在课堂上的表现来看，学生能从数据中发现数据关系、提炼数学模型，但是对模型检验有些困难。因此，教师先引导学生将这一模型在教室内进行检验，学生经过测量、计算、验证，最后得出模型正确，即表示模型检验成功。学生再独立思考，小组讨论，想出其他方法检验其他数学模型。学生的学习迁移能力让教师们惊喜。因此，在平时的教学中也要多给予学生自主思考的空间，他们的能力超乎我们的想象。

师生通过这次数学建模活动受益良多。从最开始学生不知道解决什么难题、如何解决问题，到后面进行头脑风暴寻找影响问题的因素，找到解决问题的思路，最终建立数学模型。在解决问题过程中，学生逐步理解什么是数学建模，并且在实际的活动中参与度和兴趣比较高。

"新课程"要求，学生要用数学的眼光观察现实世界，用数学的思维思考现实世界，用数学的语言表达现实世界，数学建模正是达到这一目标的途径之一。作为数学教师，我们要将建模理念运用到平时的教学活动中，让学生学会用数学建模的思想解决现实问题，建构知识与现实生活的联系。在模型实施中，注重评价的多元、多样，以促进不同学生的不同发展。

（一）学习单

第四课时学习单

组号：　　　　　　组员：

活动一：在解决问题中得到了哪些数学模型？

活动二：在数学建模中有哪些收获？

活动三：为营造儿童节欢乐氛围，设计教室内气球摆放方案。

（二）学生作品

1. 得到数学模型

第四课时学习单

组号：第4组　　　　组员：张又予、王思远、王铉尘
刘子琪

活动一：在解决问题中得到了哪些数学模型？

场地总长度=迎新树总长度+间隔总长度

间隔数=迎新树的棵树+1

间隔=间隔总长度÷间隔数

第四课时学习单

组号：第5组　　　　组员：李谨希、刘瑾艺、文伊田、高石溪

活动一：在解决问题中得到了哪些数学模型？

间隔=间隔总长度÷间隔数
场地总长度=权总长度+间隔总长度
封闭：间隔数=棵数
未封闭（两端种）：间隔数=棵数-1
未封闭（两端不种）：间隔数=棵数+1

2. 学习收获

活动二：在数学建模中有哪些收获？

不仅是在数学课上用到了，在生活中也能用上，也会自信分享。

活动二：在数学建模中有哪些收获？

我学会了和同学们合作、交流，在生活中运用。

3. 设计气球摆放方案

活动三：为营造儿童节欢乐氛围，设计教室内气球摆放方案。

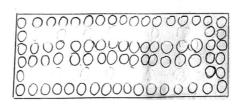

（三）课堂评价

学生根据自己的学习情况进行自我评价，加深对活动的印象。

"迎新树怎么摆放"自我评价表（模板）

班级：　　　　　姓名：

内　容	得分
1. 本课学的模型检验的方法你会了吗?(5分)	
2. 你知道如何合理摆放迎新树了吗?(5分)	
3. 本节课我能认真听教师讲课,倾听同学发言。(5分)	
4. 我积极加小组活动,倾听组员发言。(5分)	
5. 在小组活动中,我能有条理表达我自己的想法。(5分)	
总分(25分)	
通过今天的学习,我的收获:	

"迎新树怎么摆放"自我评价表

班级:3.11　姓名:卢俊双

内　容	得分
1. 本课学的检验的方法你会了吗?（5分）	5分
2. 你知道如何合理摆放迎新树了吗?（5分）	5分
3. 本节课我能认真听教师讲课,倾听同学发言。(5分)	5分
4. 我积极加小组活动,倾听组员发言。(5分)	5分
5. 在小组活动中,我能有条理表达我自己的想法。(5分)	5分
总分（25分）	25分
通过今天的学习,我的收获:数学建模虽难,但能用在生活中。	

"迎新树怎么摆放"自我评价表

班级:4.11　姓名:易函柠

内　容	得分
1. 本课学的检验的方法你会了吗?（5分）	5分
2. 你知道如何合理摆放迎新树了吗?（5分）	5分
3. 本节课我能认真听教师讲课,倾听同学发言。(5分)	5分
4. 我积极加小组活动,倾听组员发言。(5分)	5分
5. 在小组活动中,我能有条理表达我自己的想法。(5分)	5分
总分（25分）	25分
通过今天的学习,我的收获:用了加、减、乘、除、还学会了假设法。	

学生填写的自我评价表

四年级建模活动

校园花圃能摆多少盆花

第1课时　选题、开题阶段

一、学习内容

开题——明确研究问题，寻找影响因素，提出具体假设。

二、学习目标

①在真实情境中，了解学校存在花圃中能摆多少盆花的难题，感受将生活问题转化为数学问题的过程。

②明确花圃中能摆多少盆花的现实问题和影响因素，初步做出假设，做好研究准备。

③在理解实际问题、提炼数学问题的过程中，发展发现和提出问题的能力，培养理性思维。

三、学习重难点

重点：明确影响因素。
难点：形成解题思路。

四、学习过程

（一）出示公园和学校小操场花圃的图片，进入真实情境

设计意图：通过观看图片，进入真实情境，从大场景到小场景的场景交叠，产生解决问题的意识和需求，培养学生发现问题和提出问题的意识和能力。

①欣赏公园花圃精心设计摆放的图片。

同学们，你们知道吗？成都被誉为雪山下的公园城市，远处有雪山，近处是公园。不论是以前的人民公园、浣花溪公园、桂溪生态公园，还是新开发的青龙湖湿地公园、兴隆湖湿地公园、永安湖城市森林公园，抑或是街道旁的两侧，都是满眼的生机盎然之景。

②观看学校小操场花圃图片，产生解决问题的需求。

学校小操场也有6个花圃。过了一个假期，花圃里的花有一些已经枯萎，看到学校的花圃，你有什么想法吗？

③看完两组图片，你有什么感受？

④聚焦问题，引出课题。

从学生的感受出发，通过交流讨论，引出学校打算重新购进新的花苗，设计花圃摆放方案，逐步聚焦到我们需要解决的问题——校园花圃可以摆多少盆花。

（二）聚焦本质，明确问题

设计意图：充分理解真实问题，带领学生形成和明确研究问题，明确要求为开题奠定基础，培养学生提出问题的能力。

①学生观察学校小操场花圃布局及特点，谈一谈自己看到了什么。

学校小操场共有6个花圃，每个花圃形状、布局一致。花圃的形状为长方形，花盆有两种：大花盆和小花盆，形状均为圆形，花圃中间位置有一棵大树，占地形状为圆形。

②知道6个花圃大小一样，花圃中间树的位置也一样，所以只需要计算出1个花圃能摆多少盆花，就能得出6个花圃能摆多少盆花。

（三）分析问题，提炼影响因素

设计意图：从数学角度审视问题，分析解决这个问题的影响因素。培养学生分析问题的能力。

①结合图片思考，你认为花盆数量和哪些因素有关？

学生经过思考，认为花圃的面积、花盆大小和摆放方式、树的占地面积、学校预算都是影响花盆数量的因素。

花圃中花盆摆放数量的影响因素	影响因素有哪些？如何假设？
	1. 花盆上面积（截面形）
	2. 大花坛的面积
	3. 小数取整
	4. 树小区域面积
	5. 树占面积

花圃中花盆摆放数量的影响因素	影响因素有哪些？如何
	1. 花盆大小不一
	2. 花盆摆放
	3. 学校预算
	4. 花盆的高低
	5.

学生填写的关于影响花盆数量的学习单

②提炼影响因素。

将班级想到的影响因素进行分析对比，逐一讨论，提炼出对结果起着决定性作用的影响因素，并完成学习任务单的框架。

（四）思考联系，提出具体假设

设计意图：抓住主要因素，提出假设，将问题聚焦、简化，培养学生的推理能力。

①这些影响因素中哪些是你解决起来有困难的？

生1：树的占地形状是圆形，但我们没有学过圆的面积的计算方法。

生2：花盆的形状也是圆形，我们没有学过圆的面积的计算方法。

生3：花盆里的花会长大，如果摆得太近，就没有生长空间了。

生4：测量和计算的过程中有小数怎么办？我们还没学过小数的除法。

②思考：你想怎么办呢？

③问题简化，提出假设。

假设1：将树的占地形状看作正方形。

假设2：将花盆的占地形状看作正方形。

假设3：将测量出的花盆边长加5 cm，作为花盆与花盆之间的间隔及花苗长大的空间。

假设4：直接取整，余数作为间隔处理。

④完成学习任务单。

花圃中花盆摆放数量和什么有关呢？	影响因素有哪些？如何假设？ 1. _____ _____ 2. _____ _____ 3. _____ _____ 4. _____ _____ 5. _____ _____

关于花盆数量影响因素的学习单

（五）梳理思路，明确建模步骤

设计意图：形成解决问题的思路，明确建立数学模型，培养学生的数学建模能力。

①你打算如何解决这个问题？

②理清解决问题的思路。

明确影响因素，测量数据，设计摆放方案，抽象模型，检验模型。

（六）分析问题，明确所需数据

设计意图：明确解决问题的过程中需要的数据，探索得到数据的方法。

①我们要如何得到这些数据？需要测量什么呢？

②明确需要的数据。

a. 观察花圃的形状和大小，测量花圃的长和宽。

b. 观察花圃中大树的占地形状，测量大树占地的边长（已假设为正方形）。

c. 观察大、小花盆的形状和大小，测量大、小花盆的边长（已假设为正方形）。

d. 思考花盆与花盆的间隔如何处理更为合适：

第一，直接用测量出的花盆长度加 1 cm，作为间距。

第二，考虑到花苗会长大，需要多给一点间距，可以将测量出的花盆的长度加 4 cm。

五、课后任务

以小组为单位，测量并完成学习单对应板块。

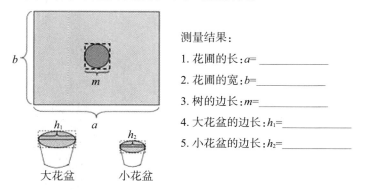

测量结果：

1. 花圃的长：$a=$ _____

2. 花圃的宽：$b=$ _____

3. 树的边长：$m=$ _____

4. 大花盆的边长：$h_1=$ _____

5. 小花盆的边长：$h_2=$ _____

学习单中关于测量数据的板块

六、课后思考

本课引入真实的生活情境，通过学生的交流、讨论，逐步抽象出数学问题，明确本次数学建模的主题——校园花圃可以摆多少盆花。以学生为主体，让学生体会到自己是学校建设的一分子，提高学生的学习热情和参与度。

因为学生是首次接触数学建模，所以第一课时最重要的是理清解决问题的思路。要解决这个问题，我们首先需要确定影响因素，其次测量相应数据，接着设计摆放方案，然后尝试计算、抽象模型，最后检验模型。只有先把解决问题的思路理清楚，才能让学生大致明白整个建模流程，在过程中初步形成建模的思路。

在确定影响因素这一环节，大部分学生都能快速想到花圃的大小、花盆的大小、中间树的占地大小这三点主要影响因素，以及一些非必要因素，如学校的预算、花盆的高低等。但关于花会长大这一影响因素很多同学在一开始是没有考虑到的，所以当有同学提出时，我们应该考虑到花的成长空间，大家都豁然开朗。通过头脑风暴启发思维，让学生能更全面、更发展地看待、分析问题。

当学生提炼出影响因素后，有一些影响因素是现阶段我们还无法解决的，所以我们需要对部分影响因素做出假设。例如，花盆的形状及树的占地形状均为圆形，但学生还没有学过圆的面积计算公式，大部分学生提出将花盆的形状及树的占地形状看成正方形，这也体现了化曲为直的思想。学生在解决问题的过程中能够自己提出问题，并想办法解决问题，充分发挥了主体作用。

第2课时　做题阶段（一）

一、学习内容

做题——统一测量数据，设计摆放方案。

二、学习目标

①在搜集整理数据的过程中，掌握可以摆放多少盆花的关键数据。

②在理解实际问题、提炼数学问题的过程中，发展数据整理能力和理性思维。

三、学习重难点

重点：统一数据，初步尝试计算。

难点：计算时考虑多种影响因素，知道选择的计算方法不同，结果也会有所不同。

四、学习过程

（一）分享结果，清晰关键数据

设计意图：通过在全班分享所搜集到的数据、统一测量数据，以便后续的计算、分享、交流。培养学生质疑和思辨能力。

①分享小组测量的数据结果。

②思考，为什么有些数据会不一样？

a. 测量工具的使用不规范。没有对齐0刻度线。

b. 测量的位置不准确。花盆的数据差异较大，有些小组测量的是花盆上沿最宽处的长度，有些小组测量的是花盆底面的长度。

c. 对小数的处理方式不同。

③测量的过程中没有遇到什么问题？

④你想如何处理？为什么？

⑤统一数据。需考虑到花盆与花盆之间的间隔、花的生长空间、后期计算时有小数的情况等。

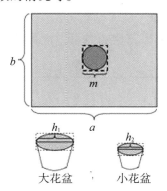

测量结果：

1. 花圃的长：$a=$ ___223 cm___

2. 花圃的宽：$b=$ ___142 cm___

3. 树的边长：$m=$ ___35 cm___

4. 大花盆的边长：$h_1=$ ___20 cm___

5. 小花盆的边长：$h_2=$ ___15 cm___

学生填写的关于测量数据的学习单

（二）设计摆放方案

设计意图：体会方案的多样性。

①你想怎样摆放花盆？在学习单上画一画。

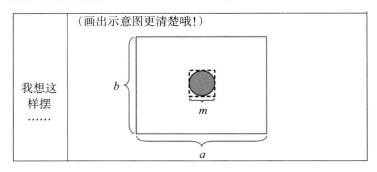

关于花盆摆放方案的学习单

②汇报分享。

学生分组将摆放方案进行分享，有些小组只摆放大花盆，有些小组只摆放小花盆，有些小组两种花盆交叉摆放。

③思考：摆放方案不同，得到的数据会一样吗？

④将学生进行二次分组。摆放方案相同的为一组，小组人数5人以内。

（三）初步尝试计算

设计意图：感受方案的多样性，以及由此带来的计算方法及结果的多样性。模型初具雏形。

①根据你设计的摆放方案，你打算如何求出花盆的数量？把你的想法记录在学习单上。

关于求解花盆数量的学习单

②你是如何计算的？你的计算结果是？在计算时遇到了什么问题？

生生互动，提供解决思路和办法。

五、课后任务

①确定花盆的摆放数量。

②继续以小组为单位，理清计算思路，做好分享准备。

六、课后思考

本课让学生在第一课时的基础上，交流、统一数据，设计摆放方案，并根据摆放方案重新分组，以便后续的分享和交流。

学生经历了第一课时的总体了解，这一课时很明确自己需要做什么、怎样做，所以这一课时主要以学生的交流为主。首先是学生以小组为单位分享测量的数据。在分享过程中，我们发现每个小组测量的数据不完全相同。此时，教师并不需要干预过多，只需引导学生就此展开讨论：为什么？怎样处理？可以不处理吗？发展学生分析与思辨的能力。接着，请学生设计并分享摆放的方案，在过程中感受方案的多样性，由此可能带来的计算方法及结果的多样性。因为每个学生设计的方案有所不同，所以我们在教学中发现前面所分的小组并不适用了，学生更多的是自己算自己的，没有办法进行更好的讨论和交流。因此，方案相同的学生自动形成新的小组，便于后续在计算过程中的交流与讨论。

第3课时 做题阶段（二）

一、学习内容

做题——分享计算方案，提炼方法共性，初步构建模型。

二、学习目标

①分享花盆计算方案，感受方案与计算方法的多样性。

②能找到方法间的共性，抽象概括出模型。

三、学习重难点

重点：能正确计算出所需花盆的数量。

难点：抽象模型。

四、学习过程

（一）汇报方案

设计意图：通过在全班分享设计方案，感受方法的多样性。

以小组为单位进行分享，说一说计算的思路、过程与结果。

小组分享计算思路、过程与结果

（二）评价与反思

设计意图：学生提出建议，培养学生的反思、质疑意识。

①谈感受，优点有哪些？有什么需要改进的？有没有什么疑问？

②对每种计算方法的小结与抽象。具体计算详见本书第34～43页，这里不再赘述。

（三）归纳与总结

设计意图：总结提炼方法，抽象数学模型。

①观察发现方法的共性，可以分为两大类：①按面积计算；②按边长计算。

②抽象模型。

按面积计算：

花盆数量=花圃的面积÷花盆的面积=$(a \times b) \div (h \times h)$

按边长计算：

花盆数量=（花圃的长÷花盆的边长）×（花圃的宽÷花盆的边长）−（树的边长÷花盆的边长）×（树的边长÷花盆的边长）=$(a \div h) \times (b \div h) - (m \div h)^2$

（四）完善计算方案

结合学生提出的建议和刚才的抽象总结，请小组完善自己的计算方案。

五、课后任务

①完善花盆数量的计算方案及作品呈现形式。

②根据评分表评选最优方案。

六、课后思考

这一课时仍然是以学生分享为主。前期学生已经初步尝试计算，所以开课时会直接请学生以新的小组为单位进行汇报分享。不同小组方案不同，算法也不同。

在学生汇报时，我们发现大部分小组是用花圃的面积除以花盆的面积进行计算，即用大面积除以小面积的方式进行计算；只有两个小组是用花圃的长除以花盆的边长再乘以花圃的宽除以花盆的边长的结果。有部分学生产生了这两个方法哪种更好的疑惑，我们在本课时不会做出评价，会让学生在后续的模型检验过程中通过自己的发现得到答案。学生不仅有计算方法，有些小组还用文字或字母将方法提炼，不知不觉中已然在建模了。

值得说明的是，在提炼模型的过程中，有的小组将能够进行组合计算的图形组合在一起进行计算，这样可能会导致原本不够除的图形，拼在一起就够除了，由此会产生一定的误差。在这一阶段我们先将误差忽略不计，在最后模型检验与反思的过程中再进行讨论与解释。

第4课时　结题阶段

一、学习内容

结题——交流检验方案，检验求解模型，积累建模经验。

二、学习目标

①探索模型检验的方法，对模型进行调整与改进。

②在实际的问题解决中，体会数学建模的必要与便利。

三、学习重难点

重点：建立数学模型后，检验模型是否合理。

难点：培养数学模型思维。

四、学习过程

（一）设计检验方案

设计意图：通过在全班设计检验方案，生生互评。培养学生数学语言表达能力和批判意识。

教师提问：我们计算出花盆数量，如何检验呢？你有什么好方法？

具体方法详见本书第43页，在此不再赘述。

（二）检验模型，积累经验

设计意图：检验模型是否合理，培养学生的理性思维。

每个小组选择一种检验方式检验模型，具体方式详见本书第43～45页，在此不再赘述。

（三）回顾反思，提出修改建议

设计意图：自我反思，方案中是否还有需要修改的地方，培养学生的自我反思能力。

思考是否还有需改进的地方，进行小组内部分享。

需要提出并让学生进行思考与反思的是，由于前期的计算方式不同，结果可能会产生一定的误差。例如：分图形进行计算和将图形组合在一起进行计算，可能会导致结果有一定的误差。

最后，提出修改建议。

（四）交流感想，感受建模意义

设计意图：回顾解决问题的整个过程，发现数学建模的价值。

①反思在解决问题中得到了哪些数学模型。

②反思数学模型的得出要经历哪些阶段。

③思考数学建模的好处，在生活中还有哪些地方也能用到此类模型。

五、课后任务

①完成数学探究活动"校园花圃可以摆多少盆花"学生评价表。
②谈一谈在本次数学建模过程中，你有哪些收获。

六、课后思考

本课时让学生经历模型检验的过程，自行检验模型，分享检验成果，对不足之处进行互相点评。

在检验的过程中，我们发现用大面积除以小面积，在实际摆放过程中，有可能摆不了那么多盆花，所以只能求出一个大概的数值；但如果是用边长除以边长的方法，一般来说结果就是准确的。这是学生在模型建立的初期很难考虑到的点，但在检验模型的过程中却能通过实际操作明白。因此，在教学建模过程中不用慌张，学生面对真实问题，确实需要经历数学建模的过程，将数学与实际生活联系起来，用数学的思维解决问题，发展问题解决的能力、应用意识和创新意识。

五年级建模活动

对校园空地进行泊车规划

第1课时　选题阶段

一、学习内容

实地观察校园空地，提出泊车规划的问题。

二、学习目标

①观看社会新闻，了解停车位紧缺的难题，认识在校园中同样存在着停车难的问题，进入真实情境。

②通过微课和前置学习，了解停车场设计的相关知识。

③明确需要哪些相关数据，并进行实地考察、测量。

④在理解实际问题、提炼数学问题的过程中，发展理性思维，提高发现、提出问题的能力。

三、学习重难点

重点：在真实的情境中提炼问题。

难点：审视实际问题，明确影响因素。

四、学习过程

（一）观看新闻，了解社会停车难的现状

任务内容：围绕真实的情境谈自己的感受，感受对空地进行泊车规划的必要性，并聚焦到 如何合理地对校园空地进行泊车规划这一核心问题。

教师任务：

①提供停车难现状的新闻。

②组织学生谈感受，提炼关键词，聚焦问题。

学生任务：

①观看新闻。

②谈感受。

设计意图：通过观看新闻，了解停车难的现状并进入真实情境，产生解决问题的意识和需求，培养学生发现问题的意识和能力。

（二）学习微课，分享前置学习，认识停车的相关知识

任务内容：初步理解学习设计停车场的理念。

教师任务：

①组织学生学习停车场的安全距离标准。

②帮助学生理解停车场设计的原理。

学生任务：

倾听并理解实际问题。

设计意图：让学生充分认识停车的相关知识，为停车场设计做铺垫。

（三）呈现问题，理解实际问题

任务内容：明确要完成对校园空地进行泊车规划的任务，能结合生活实际对如何计算空地上能停放多少辆汽车进行思路的分析。

教师任务：

①感知问题。

教师出示照片，让学生感受社会停车难、学校停车难，以及学校现有停车场所存在的安全隐患，并请学生交流自己的感想。

②明确问题。

教师出示本节课的问题情境：近年来，学校办学规模不断扩大，学校教职工的人数也随之增加，学校已有的停车位不能满足教职工的日常需求，且由于学生需要进行错峰放学，部分放学路队需要经过学校车道，存在一定的安全隐患，现在学校决定对现有停车位进行重新规划。教师要带领学生对这块空地做出合理的停车规划。

学生任务：

倾听并理解实际问题。

（四）分析问题，提炼影响因素

任务内容：能从空地的形状和大小、不同车型的大小、汽车的安全距离、车位的形状、教师的通勤时间，分析泊车数量的影响因素，并填写第一课时学习任务单的问题1。

教师任务：

①组织学生交流。

以小组为单位，组织讨论影响空地泊车数量的因素，并进行全班交流。

②归纳学生发言。

总结影响的因素有哪些。

预设影响的因素有：学校空地的形状和大小、汽车的长度和宽度、教师的通勤时间、停车场的安全距离标准、车位的形状（长方形或平行四边形）。

学生任务：

谈谈影响的因素有哪些。

设计意图：从数学角度审视问题，分析解决这个问题的影响因素。培养学生分析问题的能力。

（五）动手操作，测量实际数据

任务内容：学生分小组实地测量相关数据，并填写第一课时学习任务单的问题2。

教师任务：

组织学生分小组进行数据的测量，测量、记录空地和不同车型的相关数据，并进行初步分析。在测量过程中引导、帮助学生对空地形状进行抽象，对空地面积进行测量，对学校教职工车辆的数据进行实际测量，同时维护学生安全。

学生任务：

学生分小组动手操作，测量、记录空地和不同车型的相关数据，并进行初步分析。

设计意图：通过测量数据，经历将不规则图形抽象为梯形的过程，发展学生的模型思想。

（六）课后任务

任务内容：组长负责小组学习过程的组织工作，小组成员能够履行各自的职责，在数据的搜集过程中，做好测量与记录。需要获得的基本数据信息：空地的数据、车辆大小区间、车与车的间隔，并填写第一课时学习任务单的问题3。

学习目标：以小组为单位，完成调查和数据搜集，包括空地的数据、车辆大小、车位形状和大小。

设计意图：实地调研搜集数据，测量空地的形状和大小、车辆大小区间、安全间隔距离，培养学生的度量意识和搜集数据的能力。

"对校园空地进行泊车规划"第一课时　学习任务单

第（　）小组	成员：

1.影响泊车数量的因素有哪些？

2.需要知道哪些数据,怎样得到？怎样测量数据才更准确？

需要的数据：	使用工具：	怎样测量数据更准确？

3. 整理数据

（　　　）

大车位　（　　　）

（　　　）

小车位　（　　　）

车道

（　　　）　（　　　）　（　　　）

（　　　）

五、课后思考

首先这节课通过几张照片让学生感受到，目前社会存在停车难的问题，并且在我们每天生活的校园中不仅停车位紧缺，还存在着安全隐患。因此，学生能够切实体会到，改造校园停车场势在必行。在这一真实情境中发现数学问题，并明确要解决的问题——对校园空地进行泊车规划。在让学生开始实施停车场改造前，教师先让学生进行了停车场设计相关知识的前置学习，请学生分享交流后，再播放微课，让学生充分了解停车场设计的理念，为接下来的活动做技术知识的铺垫。

接下来，教师引导学生思考：要对校园空地进行泊车规划，需要明确哪些影响因素。学生们经过小组讨论交流后，在全班进行分享，教师进行归纳总结，得出：空地的大小、不同车型的大小、车位的形状、车位的大小、教职工的通勤时间等是影响因素。最后，教师带领学生分小组进行实地测量。

这节课是数学建模活动的第一堂课，学生能够身临其境感知到生活中需要解决的实际问题，并从现实生活的原型中抽象出数学问题。在课堂中，教师培养学生应用数学的意识，激发学生解决数学问题的欲望，感受数学的可操作性，使学生数学建模的意识得到培养。

六、学生搜集数据

学生需要了解搜集哪些数据、如何搜集这些数据，以及如何处理这些数据。

明确搜集哪些数据
1. 停车场各边的长度。 2. 车辆的大小。 3. 车道的长和宽。 4. 教职工的汽车数量和通勤时间。
知道搜集数据的方法
1. 问卷调查 教师和学生一起设计问题,通过问卷星的方式调查学校教职工的汽车数量和通勤时间。 2. 网上查阅 停车场设计的国家标准、车辆的大小等。 3. 实地调查 学生通过小组合作,测量停车场各边长度及车道的长和宽。
懂得如何处理数据
1.通过问卷星生成的统计图,了解到学校教职工的汽车数量和通勤时间。 2.空地形状不规则,统一将其抽象为梯形。 3.测量时有小数,直接取整。 4.各小组测量结果不一致,学生能够分析出不一致的原因,并科学地统一测量结果。

学生填写的关于搜集数据的学习单

七、学生作品展示

（一）学生前置学习

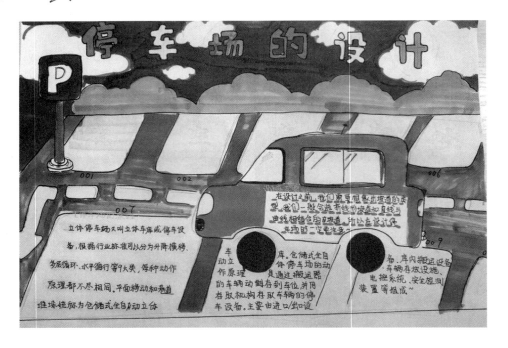

停车场的设计

在设计之前，我们需要想象出坡道的车型。我们一般选择折线型坡道和直线与曲线相结合的坡道。所以在设计停车场时一定要注意~

立体停车场又叫立体车库或停车设备，根据行业标准可以分为升降横移、多层循环、水平循环等9大类，每种动作原理都不尽相同。平面移动和巷道堆垛统称为仓储式全自动立体

库。仓储式全自动立体车场的动作原理是通过搬运器的车辆动到存车位，并用存取机构存取车辆的停车设备。主要由进口/出口设

备、库内搬运设备、车辆存放设施、电控系统、安全监测装置等组成~

停车场小知识

(1)消防通道车道宽规范为4米。(在没有要求消防通道宽的情况下，最窄的单车道宽为2.7米,最宽单车道为6米。

(2)读卡机到道闸的距离最短为2.8米,最佳距离为3米~3.5米。

(3)车场摄像机立式安装在道闸台0.6米,高度约0.6米~0.8米。

(4)当机动车停车场设置两个以上出入口时,出入口之间的净距须大于10米,出入口宽度不得小于7米。

（二）学习任务单

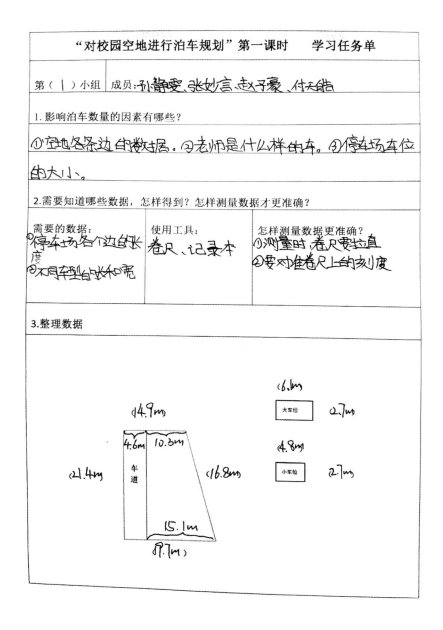

"对校园空地进行泊车规划"第一课时 学习任务单

第（1）小组 成员：孙静雯、张妙言、赵子豪、付天皓

1. 影响泊车数量的因素有哪些？

①空地各条边的数据。②老师是什么样的车。③停车场车位的大小。

2. 需要知道哪些数据，怎样得到？怎样测量数据才更准确？

需要的数据：	使用工具：	怎样测量数据更准确？
①停车场各个边的长度 ②不同车型的长和宽	卷尺、记录本	①测量时，卷尺要拉直 ②要对准卷尺上的刻度

3. 整理数据

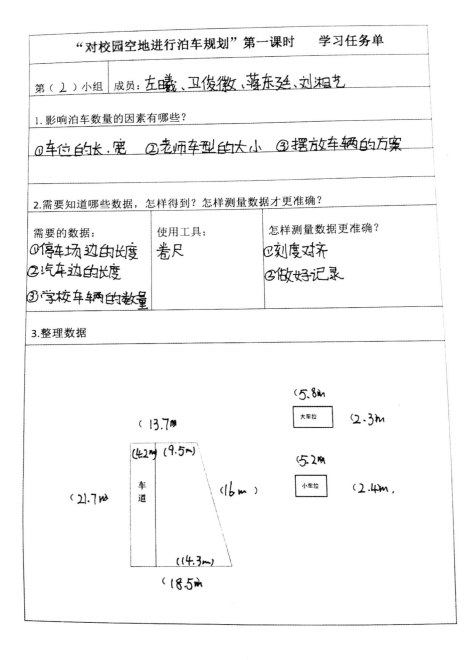

"对校园空地进行泊车规划"第一课时　　学习任务单

第（2）小组　成员：左曦、卫俊微、蒋东廷、刘湘艺

1. 影响泊车数量的因素有哪些？

①车位的长、宽　②老师车型的大小　③摆放车辆的方案

2. 需要知道哪些数据，怎样得到？怎样测量数据才更准确？

需要的数据：	使用工具：	怎样测量数据更准确？
①停车场边的长度 ②汽车边的长度 ③学校车辆的数量	卷尺	①刻度对齐 ②做好记录

3. 整理数据

（5.8m）

大车位　2.3m

（13.7m）

（4.2m）（9.5m）

车
道　　（16m）

（21.7m）

（5.2m）

小车位　（2.4m）

（14.3m）

（18.5m）

八、课堂评价

在本节课的尾声，教师引导学生思考自己本节课的收获及自己的表现，并完成学习评价表。

"对校园空地进行泊车规划"学习评价表（模板）

知识技能	本节课我明确我们需要解决的问题。（ ）	A清楚　B不太清楚　C模模糊糊
	我知道影响问题的因素有几个?（ ）	A一个因素　　B两个因素 C三个因素　　D三个以上
	我知道收集数据的方法,有_____。	
情感态度	这节课,我（ ）。	A认真听讲　　B学得一般
	这节课,我能（ ）他人发言。	A认真倾听　　B有时开小差
	在小组活动中,我（ ）。	A积极参与　　B不完成任务
老师,我想对您说:		

"对校园空地进行泊车规划"学习评价表（模板）

知识技能	本节课我明确我们需要解决的问题。（ A ）	A清楚 B不太清楚 C模模糊糊
	我知道影响问题的因素有几个?（ D ）	A一个因素 B两个因素 C三个因素 D三个以上
	我知道收集数据的方法,有 网上查找、翻阅图书搜集 。	
情感态度	这节课,我（ A ）。	A认真听讲 B学得一般
	这节课,我能（ A ）他人发言。	A认真倾听 B有时开小差
	在小组活动中,我（ A ）。	A积极参与 B不完成任务
老师,我想对您说: 这节课太有趣了,我不仅知道了生活中停车出现了哪些危险,还知道了在学校老师停车的困难。		

"对校园空地进行泊车规划"学习评价表（模板）

知识技能	本节课我明确我们需要解决的问题。（ A ）	A清楚 B不太清楚 C模模糊糊
	我知道影响问题的因素有几个?（ D ）	A一个因素 B两个因素 C三个因素 D三个以上
	我知道收集数据的方法,有 请教他人、查找书籍 。	
情感态度	这节课,我（ A ）。	A认真听讲 B学得一般
	这节课,我能（ A ）他人发言。	A认真倾听 B有时开小差
	在小组活动中,我（ A ）。	A积极参与 B不完成任务
老师,我想对您说: 我对这节课的印象很深,我知道了生活中在停车场此现的问题和困难。		

学生填写的学习评价表

第2课时　开题阶段

一、学习内容

对校园空地泊车计划开题。

二、学习目标

①在搜集整理数据的过程中，掌握可以停放多少辆车的关键数据。

②在理解实际问题、提炼数学问题的过程中，发展数据整理能力、理性思维。

三、学习重难点

重点：分析数据，提出假设。

难点：初步建立数学模型。

四、学习过程

（一）根据调查结果，分享搜集数据

任务内容：教师组织全班分享，学生能够分析出数据不一致可能由测量时没有对齐、边界模糊、计算出错等因素导致，可以选择测量结果最接近的和最多的（平均数、众数）代替更精确。发现选择用空地的实际长度除以车辆的宽度加安全距离不够停一辆的忽略不计，得到结果。

教师任务：

① 组织学生分享搜集到的数据。

以小组为单位，请大家将自己搜集到的数据在全班进行分享。

②汇总调查结果，统一数据。

在全班交流的过程中，根据学校实际情况，学生发现长方形车位能最大程度利用空地面积泊车，因此将车位形状确定为长方形。

学生任务：

①分享自己搜集的数据。

②谈一谈为什么有的数据不一样。

3.分享自己的发现，如车辆停放的数量与什么有关等。

设计意图：通过在全班分享所搜集到的数据，减少误差。培养学生数学语言表达能力、实际解决问题的意识和能力。

（二）思考联系，提出具体假设

任务内容：学生利用数据进行假设。

教师任务：

①组织学生发言，抓住主要因素，提出假设。

我们找到了影响空地泊车数量的因素，调查了相关数据，现在要利用这些数据进行假设，帮助我们解决问题。

②提炼有效的假设。

假设1：全部车辆竖着停放。

假设2：全部车辆横着停放。

假设3：车辆横竖交替停放。

学生任务：

学生能进行假设分析，能找到不同的假设方法，为找到解决问题的思路奠定基础。

设计意图：抓住主要影响因素，利用调查数据提出假设，将问题聚焦、简化，培养学生的推理能力。

（三）树立假设，明确建模步骤

任务内容：学生根据假设，找到解决问题的思路。

教师任务：

①根据假设，解决问题。

教师提问：你打算怎样利用这些假设，计算出能停放多少辆汽车呢？

方法一：实地测量，用粉笔画图，再计算泊车数量。

方法二：将停车场等比例缩小，学生在图纸上摆一摆、画一画，计算出泊车数量。

……

②小组内对解决问题思路进行整理。

③小组汇报。

学生任务：

先独立思考，再分小组讨论，并填写学习任务单。

设计意图：根据假设方法，形成解决问题的思路，明确建立数学模型，初步培养学生的数学建模能力。

"对校园空地进行泊车规划"第二课时学习任务单

班级： 姓名：

1. 确定数据。

（　　　）

（　　　）　　大车位　　（　　　）

（　　　）

（　　　）

车道　（　　　）　　小车位　　（　　　）

（　　　）

（　　　）

2.解决"怎样停放车辆"这个问题,可以如何进行假设呢?

3.如何根据假设,解决这个问题呢? 你是怎么想的?

五、课后思考

在本课中，学生在教师的引导下，对数据进行统一，再根据提出的影响解决问题的因素对方案进行假设，从而找到解决问题的关键，建立数学模型。

首先，教师组织学生对上节课搜集的数据，分小组进行交流汇报。在这个过程中，我们发现，虽然测量的是同一块空地，但学生们的数据存在差异。于是，教师带领学生对造成差异的原因进行深度分析。经过全班交流讨论，学生们总结了以下几个原因：①测量时卷尺没有拉直；②卷尺刻度和起点终点没有对齐；③在记录时未记录准确。

然后，经过全班学生的讨论我们将数据进行了统一。

最后，教师向学生提出问题：你想怎样停放车辆？学生经过独立思考、小组讨论后得出初步解决问题的思路。在这个过程中，教师放手让学生自己进行规划、设计，培养了学生独立思考、小组合作的意识。

回顾整节课，学生在教师的引领下，找到影响问题解决的因素，并能根据这些因素进行合理的假设，大胆创新，明确实际意义，找到解决问题的思路，初步建立模型。学生不仅获得了一种新的有效的学习方法，还激发了学生的创新能力；让他们懂得在假设的时候，不仅要考虑问题本身的特点，还要考虑假设的合理性及各种因素间的相互作用，对问题的解决起到了关键性作用。

六、学生作品

"对校园空地进行泊车规划"第二课时　　学习任务单

班级：五(8)　　姓名：左日曦、卫俊徽、蒋东廷、刘湘艺

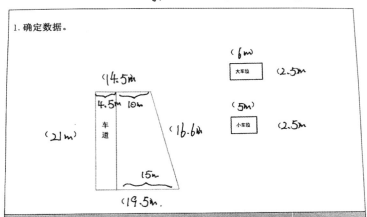

1. 确定数据。

2. 解决"怎样停放车辆"这个问题，可以如何进行假设呢？

　①可将车辆全部横着停放在空地里。
　②可将车辆全部竖着停放在空地里。

3. 如何根据假设，解决这个问题呢？你是怎么想的？

　①可以将空地各边的长度和车位的长和宽按照一定倍数缩小后，在纸上画一画。
　②可以用超轻粘土制作模型动手摆一摆。

"对校园空地进行泊车规划"第二课时　　学习任务单

班级：5.8　　姓名：孙静雯、张妙言、赵子豪、付天佑

1.确定数据。

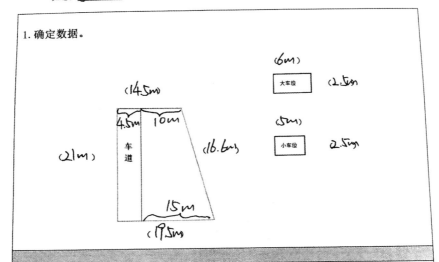

（6m）
大车位　　（2.5m）

（5m）
小车位　　2.5m

（14.5m）

4.5m　10m
车道
（21m）　　　（16.6m）

15m
（17.5m）

2.解决"怎样停放车辆"这个问题，可以如何进行假设呢？

①全部横着停放

②全部竖着停放

③横竖交替停放

3.如何根据假设，解决这个问题呢？你是怎么想的？

①用模型来摆一摆。

②对按照一定比例，缩小后画一画。

七、课堂评价

在本节课的尾声，教师引导学生思考自己本节课的收获及自己的表现，并完成自我评价表。

"对校园空地进行泊车规划"自我评价表（模板）

班级：5.8　　姓名：孙静雯			
1.今天的知识学会了吗？（A）	A 完全掌握	B 基本掌握	C 不能完成
2.本课我认真听讲，积极发言。（A）	A 好	B 较好	C 一般
3.我积极参与小组活动。（A）	A 积极参与	B 一般	C 不能
4.我认真倾听他人发言。（A）	A 好	B 较好	C 一般
5.我能有条理表达自己的想法。（A）	A 能	B 一般	C 不能

我的收获是：在解决问题时，要从不同的角度出发去思考问题。

"对校园空地进行泊车规划"自我评价表（模板）

班级：5.8　　姓名：刘卓妍			
1.今天的知识学会了吗？（A）	A 完全掌握	B 基本掌握	C 不能完成
2.本课我认真听讲，积极发言。（A）	A 好	B 较好	C 一般
3.我积极参与小组活动。（A）	A 积极参与	B 一般	C 不能
4.我认真倾听他人发言。（A）	A 好	B 较好	C 一般
5.我能有条理表达自己的想法。（A）	A 能	B 一般	C 不能

我的收获是：在小组合作当中，要团结一致，勇越表达自己的想法，认真倾听别人的思路。

学生填写的自我评价表

第3课时　做题阶段

一、学习内容

分享校园空地泊车方案。

二、学习目标

①分享校园泊车方案，明确重要影响因素，得出关键数据。

②在理解实际问题、提炼数学问题的过程中，提高数据整理能力、规划布局能力。

三、学习重难点

重点：汽车停放数量的计算。

难点：如何对空地进行合理的最大利用。

四、学习过程

（一）汇报设计，完善车辆停放数量的计算方案

任务内容：学生能够从是否最大化利用、是否符合安全标准、是否符合教职工的通勤时间方面判断计算方案是否合理即可。

教师任务：

①分享计算结果。

以小组为单位，将方案的设计与计算的方法和结果分享给大家。具体方案详见本书第51～53页，在此不再赘述。

②小组讨论，对比各种结果，得出哪一种结果更合理。

最终得出结论：4种方案都具备合理性、可行性。

③用字母表示计算过程，建立数学模型。具体模型详见本书第54页，在此不再赘述。

④组织学生谈感受，分析优缺点，完善方案。

学生活动：

①课上：以小组为单位，汇报停放方案，提出建议。

②课后：完善方案，定稿。

设计意图：通过全班分享的设计方案，学生提出建议，不断完善方案。培养学生的反思意识。

（二）明确标准，理解评价内容

任务内容：学生根据自己的认知水平，对计算结果进行反思，懂得在得出

结论后，需要经过检验，最终才能得到较准确的结论。

教师任务：

①结论合理化。

让学生独立思考、计算出可以停放车辆的数量，判断结果的合理性。

②组织小组讨论、汇报。

让学生讨论、汇报自己的计算方法是否正确，以及学校实际可以停多少辆车。

学生任务：

计算停放车辆的数量，小组交流讨论，在全班汇报方案，并填写学习任务单。

设计意图：以标准为导向，判断数据的合理性，培养学生的反思意识。带领学生明确这个环节的重要性，指导学生如何对结果进行优化。

（三）课后任务：尝试检验模型

任务内容：小组内通过计算数据和查阅资料验证得出的结论、建立的模型，增强学生对数学建模意义的理解，同时提高小组成员的协作能力。

学生任务：

根据小组内所提出的验证方法对得出的结论、数学模型进行检验。

设计意图：用实际案例、数据等相关资料对模型进行检验，验证模型的有效性。

"对校园空地进行泊车规划"第三课时学习任务单

班级：　　　　　　姓名：

1. 设计方案
2. 根据解决问题的方法,建立数学模型。
【计算方法】
【建立模型】

五、课后思考

根据已有的假设和解决问题的思路，教师组织学生计算可以停放多少辆汽车。在计算的过程中，明确每步计算的具体含义，进一步理解如何解决这个问题，培养学生有依据地思考问题。较之前很多学生不会有据思考，甚至无从入手有了很大的改变。

在确定哪种结果较合理之后，教师注重让学生独立思考问题，让学生知道需要对结果进行检验，体验数学建模的一般步骤，感受数学建模的价值。

从学生作品来看，学生的思考是丰富多彩的，能从不同角度进行思考，出现了很多、很好的思路，学生还能将这些思路呈现出来，与大家交流分享，最后能用字母提炼出计算的方法，培养学生数学建模的能力。

从课堂学生反应情况来看，学生在思考问题、尝试说明时，组内有个别学生对于解决问题的思路还不是很熟悉，在进行分享交流时，表达不是特别流畅。如何培养学生的数学素养是我们在教学中需要思考的地方。

六、学生作品

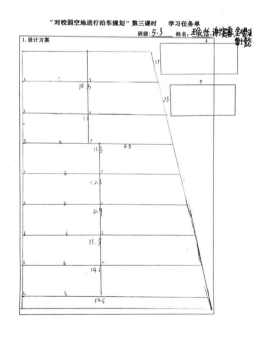

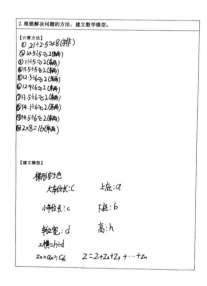

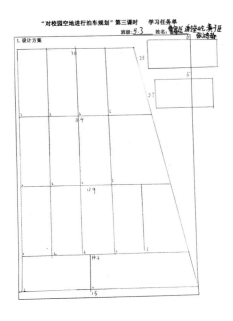

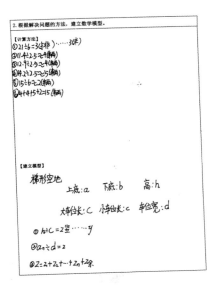

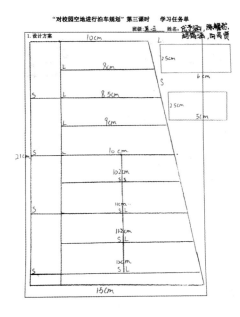

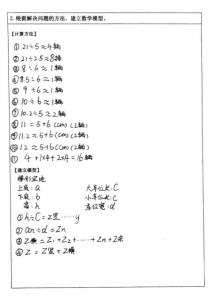

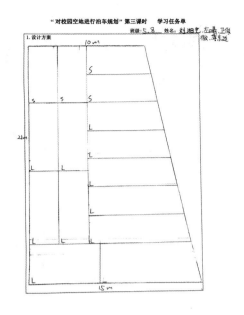

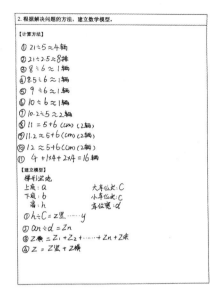

第4课时 检验阶段

一、学习内容

对所设计的校园空地泊车方案进行检验。

二、学习目标

1. 在小组交流中不断巩固模型检验的方法。
2. 清晰对校园空地进行泊车规划的建模步骤，提高数学建模能力。
3. 掌握数学建模的基本过程，明确数学建模的意义。

三、学习重难点

重点：找到检验模型的方法，验证结果是否合理。
难点：系统了解数学模型，建立数学建模思想。

四、学习过程

（一）成果汇报，生生互动评价

任务内容：学生自己搜集资料，找到检验模型的方法，对模型进行合理检验，并填写第四课时学习任务单的问题1。

教师任务：

①组织小组讨论。

学生根据自己已有的生活经验和调查的资料找到检验的方法，进行模型检验。

②组织学生汇报成果。

③组织学生互动，归纳总结要点。

请学生说一说有什么值得学习的地方、有什么需要改进的地方。

学生任务：

①汇报成果。

②互评，了解其他同学有什么值得学习的地方、方案有什么需要改进的地方。

设计意图：通过在全班汇报检验依据、设计方案，生生互评，让学生懂得在数学建模中如何检验模型，培养学生数学语言表达能力和批判意识。

（二）模型检验，积累专业经验

任务内容：学生根据自己的检验方法，说出如何进行模型检验，并且能够提炼出模型检验的方法。

教师任务：

组织学生验证模型，判断结果是否合理，方法如下。

方法一：数形结合，绘制平面图。

方法二：参照国家实际标准。

方法三：枚举数据验证，或者运用验算的方式检验。

学生任务：

学会用不同方法验证模型与结果。

设计意图：在教师的带领下，采用正确的方式检验模型是否合理，提炼出数学模型检验的方法，培养学生的理性思维，激发他们对学习的热情和对生活的关注。

（三）两次自省，提出改进建议

任务内容：学生从是否最大化利用、是否符合安全标准、是否符合教职工的通勤时间等方面思考方案是否合理，并填写第四课时的小组学习单。

教师任务：

①组织学生反思，判断学生的修改内容是否必要。

②组织学生在思考是否还有需要改进的地方后，进行分享。

学生任务：

思考是否还有需要改进的地方，进行小组内部分享。

设计意图：反思方案中是否还有需要修改的地方，培养学生的自我反思能力。

（四）回顾反思，明确模型意义

任务内容：在教师的指导下回顾整个建模过程，让学生通过这一系列的建模活动，不仅培养数学实际应用意识，还提高在实际生活中应用数学知识的能力，将理论与实际相结合，从而感受数学模型的建立过程，有意识地在学习实践中应用数学建模思想。

教师任务：

①组织学生思考讨论，概括总结。

②引导学生思考数学建模还可以解决生活中的哪些问题。

学生任务：

①反思在解决问题中得到了哪些数学模型。

②反思数学模型的得出要经历哪些阶段。

③思考数学模型的好处。

设计意图：回顾解决问题的整个过程，发现数学建模的价值，使学生感受数学模型的具体应用，认识到数学模型的重要性，更加认真、自觉地投入建模知识学习中。

（五）课后任务

任务内容：独立思考数学建模还可以解决生活中的哪些问题，小组交流想法，并将数学建模中所学的知识运用到了实际生活中。

设计意图：开展数学建模活动，让学生进一步体会领悟数学建模的思想方法，培养学生的数学应用意识，提高他们解决实际问题的能力。

"对校园空地进行泊车规划"第四课时学习任务单

班级：　　　　姓名：

个人学习单		
对于对校园空地进行泊车规划这个问题的结果,我们如何进行模型检验呢?		

小组学习单		
1. 你们打算怎样规划停车位? 把你们的想法写下来?		
2. 小组交流,将小组内相同的检验方法写下来。		

五、课后思考

让学生经历模型检验的过程，自行检验模型，分享检验成果，对不足之处进行互相点评，教师充当一个引导者的角色，充分发挥学生在建模方面的潜力。从学生在课堂上的表现来看，学生能运用自己的方法对模型进行检验，初步获得提炼数学模型的能力。

经过这次数学建模活动，学生和教师都收获很多。例如，许多学生从最开始不知道如何解决问题，到后面寻找影响解决问题的因素，找到解决问题的思路，最终建立数学模型。在解决问题过程中，学生逐步理解到什么是数学建模，并且可以采用独立思考与合作探究的学习方式，结合具体情境，感受数学模型的具体应用，认识到数学模型的重要性。相信在以后的学习中，他们会更加认真、自觉地投入数学建模实践中。

作为教师，我们要将建模理念运用到平时的教学活动中，在教学实践中构建合理的数学模型，以此来积极应用数学建模思想。在模型实施中，还要注重学生的学习反馈、评价的形式，可以采用多元的教学实践、评价方式促进学生对建模项目的学习与理解，以促进学生的全面发展。

六、学生作品

（一）学生绘制校园平面图

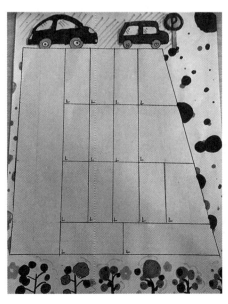

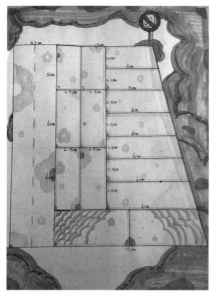

（二）你们想怎样规划车位

小组学习单

1. 你们打算怎样规划停车位的位置？把你们的想法写下来？

我们想车辆在停场车场全部横着停，这样老师们倒车就非常方便，停车场摆放就很整齐，一共可以停放6辆小车，10辆大车

小组学习单

1. 你们打算怎样规划停车位的位置？把你们的想法写下来？

我们想让停车场的车竖着停，这样老师可以直接开进车位，不用倒车，而且车辆的停放很整齐，一共可以停放15个大车。

（三）检验合理性

【方法一】 可以将空地各边的长度和车位的长、宽按照一定倍数缩小后，在纸上画一画。	【方法二】 可以用超轻粘土制作模型动手摆一摆。	【方法三】 用粉笔去空地上画一画。

2. 小组内交流，将小组内相同的检验方法写下来。

在空地上画一画。	制作模型摆一摆。	在纸上画一画缩小后的停车场。

（四）组织结题评价

最近，张老师和余老师带着着我们一起为学校规划停车场，帮助老师解决了一些停车的问题。在第一节课上，我们了解了学校停车场出现的问题并测量了数据，经常有一些小朋友气在车道上玩耍；第二节课上，我们小组一起探讨，然后后设计了方案；在第三节课上，我们进行了交流并完善了数据；第四节课，我们终于把数据确定了下来。我觉得这样的数学课很有趣，做完了一切觉得很有成就感。

最近，张老师和余老师带着我们一起重新规划了一下学校的停车场，帮助老师解决了停车困难的问题。

第一节课，我们了解了问题、测量了数据，发现车道在中间是十分危险的，因为经常有学生在车道玩耍；第二节课我们一起探讨并设计了方案，把车道放在左边；第三节课我们进行交流、完善数据；第四节课，我们终于把数据确定了下来。

我觉得这样的教学课太有趣了，哈哈！

六年级建模活动（一）

如何利用有限场地统筹安排室外体育课

第1课时　选题、开题阶段

一、学习内容

明确影响因素，形成解决思路

二、学习目标

①在观看体育课照片和交流中，进入真实情境，关注生活中的实际问题。
②明确统筹安排体育课的现实问题和影响因素，进行假设，做好研究准备。
③在理解实际问题，提炼数学问题中，发展理性思维和发现、提出问题的能力。

三、学习重难点

重点：审视实际问题，提炼影响因素，形成解题思路。
难点：形成解题思路。

四、学习过程

（一）观看图片，进入真实情境

实践意图：通过观察图片，并结合日常体育课的情况进入真实情境，产生解决问题的意识和需求，培养学生发现问题的意识和能力。

①展示我校部分班级上体育课的场景，并提问：这是我校部分班级上体育

课时的场景，请根据图片，同时结合你自己平时的观察和体会，谈一谈你觉得我校目前的体育课存在什么问题。

学生发现：有部分班级在教室内上体育课的现象。

②为什么会出现这种现象？

学生讨论后得出结论：学校场地有限。

（二）呈现问题，理解实际问题

实践意图：通过交流，引导学生充分理解真实问题，明确要求，培养学生提出问题的能力。

①针对这个现象，怎么办呢？我们能做的是什么？

引导学生明确我们要解决的问题是，如何利用有限场地统筹安排每个班级的室外体育课。

②"安排"是什么意思？

让学生理解"安排"是排出体育课表。

（三）分析问题，提炼影响因素

实践意图：通过思考和讨论，分析影响问题的主要因素，并对影响因素进行分类，梳理出定量因素、变量因素，培养学生分析问题的能力。

①要解决这个问题，你认为需要考虑哪些因素？

a. 教师因素。

b. 班级因素。

c. 课时。

d. 操场面积。

e. 每班使用场地面积。

f. 其他可使用的室外场地面积。

②同学们提出了这么多的相关因素，显得比较杂乱，我们可以怎么办？其中哪些因素是固定的？哪些是可能发生变化的？

（四）思考联系，提出具体假设

实践意图：提炼主要影响因素，并提出假设，培养学生抓住主要因素的能力。

①变化的因素这么多，如果我们面面俱到都要考虑的话，你认为能解决这个问题吗？能排出体育课表吗？所以，为了更好地理清解题思路，你们有什么好办法吗？

引导学生抓主要因素，不考虑极端的突发情况，把一些不影响解题的次要因素进行简化处理。

②上面的那些因素中，哪些是不用考虑的？哪些是不影响排课可以进行简化处理的？

③怎样抓主要因素，把一些不影响结果的因素简化呢？

学生提出可以先假设某个因素可以被简化。

④假设是一个好办法，那可以怎样假设呢？

a. 只排体育课。

b. 体育教师是专职教师。

c. 每班45人，使用场地的面积相等。

⑤经过假设之后，我们最终明确的主要因素有教师数、班级数、课时数、操场面积，不确定的但可以调控的有每班使用场地面积、其他可使用的室外场地面积。

（五）梳理假设，明确建模步骤

实践意图：思考解决问题的主要步骤，理清解题思路，培养学生解决问题的能力。

现在问题明确了，影响因素也明确了，那么怎样解决这些问题呢？

①独立思考。

②小组讨论。

③汇报交流：

a. 搜集数据；

b. 计算操场面积、教师所教班级数、同时上课的班级数、能容纳的班级数；

c. 划分上课区域；

d. 用列表法排课；

e. 检查、调整课表。

（六）课后任务

实践意图：通过分工合作搜集数据，包括班级数量、教师数量、场地数据等。提高学生搜集数据的能力。

按照我们制定的解决问题的步骤，第一步先搜集相关数据。这一步具体需要考虑：谁搜集、怎样搜集、搜集哪些数据，需要各小组进行分工、安排，小组讨论后将内容记录在学历单上。

"如何利用有限场地统筹安排室外体育课"——第1阶段　学历单

一、发现问题

　　通过课前观察，我发现学校现在体育课的主要问题是＿＿＿＿＿＿＿＿＿＿＿＿＿＿＿＿。

　　我们要解决的主要问题是＿＿＿＿＿＿＿＿＿＿＿＿＿＿＿＿＿＿＿＿＿＿。

二、影响因素

　　上面的影响因素中，定量有＿＿＿＿＿＿＿＿＿＿＿＿＿＿＿＿＿＿＿＿＿＿＿，

　　变量有＿＿＿＿＿＿＿＿＿＿＿＿＿＿＿＿＿＿＿＿＿＿＿＿＿＿＿＿＿＿。

　　你认为其中的主要因素有＿＿＿＿＿＿＿＿＿＿＿＿＿＿＿＿＿＿＿＿＿＿。

三、提出假设

四、解决问题的步骤

　　第一步：

　　第二步：

　　第三步：

　　第四步：

　　第五步：

　　第六步：

五、搜集数据

需要搜集的数据	小组分工(负责人)	搜集方法	备注
(例:体育教师人数)	(×××负责)	(例:咨询学校教导处)	

五、经验分享

(一) 带领学生形成和明确研究问题

①从表面现象入手，分析背后的原因。(如提问"为什么会出现这种现象"，找到根本原因：学校场地有限)

②从现实角度明确问题。(如提问"针对这个现象，怎么办呢？我们能做的是什么"，引导学生聚焦核心问题)

③问题落实到操作层面，明确要做什么。(如从核心问题中提取关键词"安排"，明确要做的其实就是要排出体育课表)

(二) 指导学生寻找影响因素，提出假设

①开展头脑风暴找到大致因素。(如教师、班级、场地面积等因素)

②小组讨论，细化因素。(如教师的人数、工作安排、临时请假等都是影响因素)

③抓主要因素，简化处理次要因素。(当学生想不到假设时，教师可提示)

(三) 指导学生梳理解决问题的思路

①小组讨论。

②汇报交流时提取关键步骤，梳理解题顺序。

(四) 指导学生搜集数据，开展小组研究

①借助表格明确关键项。(如搜集哪些数据、分工、搜集方法等)

②搜集方法分类。(主要有直接数据、间接数据)

学生在实地测量

六、学生作品展示

第 1 课时学习单

一、发现因素

二、影响因素

1. 要解决这个问题，你认为需要考虑哪些因素？

2. 你认为其中的主要因素有：

定量：	变量：
①③④⑤	②⑥⑤⑦③
操场　课时　班级	其他场地　教师　天气　每班面积

三、提出假设

1：每班人数相等

2：每班使用面积相等

3：只上体育课

4：教师只上体育课

……

四、解决问题的步骤

第一步：收集数据并整理　①操场面积

第二步：计算　②每班平均使用面积

第三步：具体实践，划分区域　③每位教师教几个班

第四步：根据实践结果修改列表排课　④同时上几个班

第五步：验证调整　⑤最多容纳几个班

第六步：实施

……

需要搜集的数据	小组分工（负责人）	搜集方法	搜集的结果
	张政涵		
例：体育教师人数	某某负责	咨询教导处	24人
各年级总班数	潘言负责	询问同学（不同年级）	67个班
操场面积	周熙然负责	测量、计算	长42米、宽45m、半径15米
其他场地	胡睿力负责	测量、计算	至少90m²
每班使用面积	潘言负责	询问体育老师	体育馆、主席台…
每天课时	周熙然负责	看课表	6节课

七、教师点评

　　第一阶段是整个建模活动的起始阶段，对学生来说有一定的难度。站在观课教师的角度，本阶段最大的特点是教师基于真实情境（学校场地有限，无法容纳所有班级同时上室外体育课），引导学生发现实际问题，使学生能联系日常体育课实际的感受去理解问题，问题并没有脱离学生的实际学习生活。从课堂观察来看，本阶段学生理解比较困难的环节是很难想到用假设来排除次要因素。教师可以通过提问"怎样抓主要因素，把一些不影响结果的因素简化"，启发学生思考如何简化因素。其实，在课堂中有学生想到了用假设的方法，但是非常少。教师也可以请想到用假设方法的学生举例，让其他学生也能理解假设的方法。这样突破本节课难点，效果较好。

第2课时　做题阶段（一）

一、学习内容

建立并求解数学模型。

二、学习目标

①在分享交流中，清晰解决问题时所需要的关键数据，并建立解决问题的数学模型。

②能代入数据进行模型计算，解决数学问题，得到结果。

③比较关键量后，明确得到的结果与实际需求是否一致，如不一致进行调整改进。

三、学习重难点

重点：建立数学模型并求解，比较关键量，列表排课。

难点：建立面积模型和排课模型。

四、学习过程

（一）分享调查结果，清晰关键数据

实践意图：通过交流分享，清晰解决问题时所需要的关键数据，为后续模型的建立和准确计算奠定基础。

①首先请各小组派代表汇报搜集到的数据。

（学生边汇报，教师边记录。）

②看来这几个数据大家都一样，没有争议。现在争议主要集中在这几个数据上，你们认为哪一个数据更准确？

（统一定量因素的数据，明确变量因素的数据取值范围。）

③通过同学们刚刚的汇报和交流，我们发现不同的搜集方式和信息渠道都会影响我们的调查结果，所以在调查统计的时候，我们要注意选择更科学的方法和更权威的信息渠道。

（二）建立数学模型，计算模型结果

实践意图：建立面积模型，并代入真实数据进行计算，培养学生的抽象能力和空间观念，提升学生的计算能力。

①计算场地面积，思考：场地面积包括几部分，如何计算操场面积。

（总面积$=\pi r^2+2ar+$其他可用于室外体育课的场地面积）

②需要同时上室外体育课的班级数量，如何计算呢？

（同时上室外体育课的班级数量$=$班级总数$\div$课时数）

③场地最多可同时容纳的班级数量，如何计算？

（场地最多可同时容纳的班级数量$=$场地面积$\div$每班使用面积）

④场地面积包括操场和其他场地，其他场地是变量，怎么办呢？小组讨论。

（最多可同时容纳的班级数量$\geqslant$需要同时上室外体育课的班级数量）

⑤每位教师教多少个班，如何计算呢？

（每位教师所教的班级数量$=$班级数量$\div$教师人数）

⑥清楚了需要计算的量，接下来就请各小组带入具体的数据，算一算。

（三）比较关键的量，划分上课区域

实践意图：比较场地可同时容纳的班级数量和每节课同时上室外体育课的数量，判断是否满足实际问题需求，如不满足则调整数据，并划分上课区域，绘制区域平面图。培养学生的理性思维和空间观念。

①有没有哪个小组计算出来的场地可同时容纳的班级数量小于每节课需要同时上室外体育课的数量？你们认为出现这种情况的原因是什么？应该怎么办呢？

②解决这个问题，需要我们划分出班级上课区域，请各小组在操场平面图上划分出室外体育课上课区域，并标注出区域1、区域2……

（四）分析表间关系，明确表格结构

实践意图：分析表间关系，明确表格结构，建立排课模型，培养学生的运筹思想。

①按照我们的解题思路，下一步是用表格来排课。根据以往用表格解决问题的经验，你认为要先做什么？

（确定表格横排和竖排表示什么。）

②表格的横排表示什么？竖排表示什么？通过观察我们现在使用的课表，

能不能给你一些提示？

（竖排表示课时，横排表示上课区域。）

③那表中间填什么呢？

（班级。）

④班级根据什么来填？

（根据体育教师交多少个班来填写。）

⑤怎样表示体育教师教的班级？

（同一位教师所教班级不能出现在同一排。）

（五）课后任务

实践意图：动手操作，列表排课，培养学生的推理能力和运筹思想。

本周的课后任务，就请各小组根据自己的安排，排出全校一天的体育课表，并填写第2阶段学历单。

"如何利用有限场地统筹安排室外体育课"——第2阶段　　学历单

一、明确数据

　　教师数：　　　　班级数：　　　　　课时：

　　每班使用面积（≥100平方米）：

　　其他可用于室外体育课的场地：

　　操场数据：$a=$
　　　　　　　$r=$

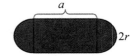

二、面积模型
　　室外体育课的场地面积=

三、具体计算
　　1.计算室外体育课的场地面积：

　　2.计算场地可同时容纳的班级数量：

　　3.计算每节课需要同时上室外体育课的班级数量：

四、划分上课区域

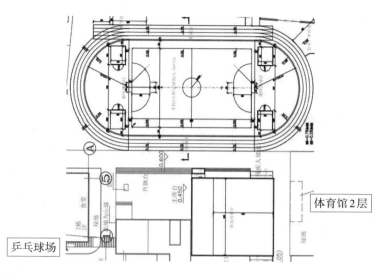

体育馆2层

乒乓球场

五、排课模型

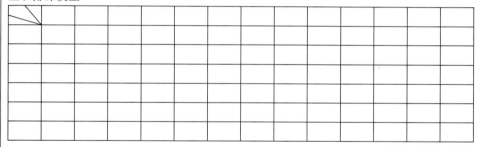

　　教师所教班级安排：

六、反思调整
　　排出一天的体育课表：

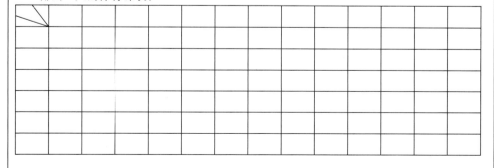

五、经验分享

本课时教学重难点：指导学生建立模型。

①用数量关系表示计算类模型。

②根据以往解题经验确定表格类模型。（横排、竖排、中间分别表示什么）

③厘清量与量之间的关系。（如最多可同时容纳的班级数量要大于或等于需要同时上室外体育课的班级数量、表格中同一位教师所教班级不能出现在同一排）

学生展示汇报

六、学生作品展示

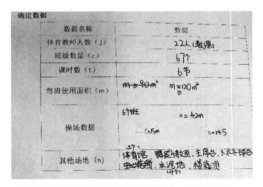

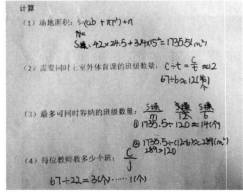

七、教师点评

本节课有两个环节给我留下很深的印象。第一个环节是学生分享搜集到的数据并进行讨论，学生发现有个别数据存在争议，比如操场的面积，教师不急于指出数据差异的原因，而是让学生适当讨论，各抒己见，学生在讨论中逐渐发现不同的搜集方式和信息渠道都会影响调查结果，所以在调查统计时，要注意选择更科学的方法和更权威的信息渠道。第二个环节是学生建立两个数学模型的过程，学生建立的第一个数学模型是面积模型，大部分学生很快想到如何表示组合图形（长方形+圆）面积，但是其他场地面积是可变的，学生想到用字母表示可变的面积；第二个模型是排课模型，学生经过思考和讨论，想到了用表格来排课，但是如何确定表间关系，教师不急于告诉学生方法，而是给予学生充分独立思考的空间，再进行小组讨论，学生果然想到比较完整的表间关系，从而确立了排课所用的表格。

第3课时 做题阶段（二）

一、学习内容

模型检验，优化课表。

二、学习目标

①判断数学结果与实际需求的一致性，积累模型检验的经验，提高解决实际问题的能力。
②优化排课，形成最终课表，发展应用意识和创新意识。

三、学习重难点

模型检验，优化课表。

四、学习过程

（一）提出问题，产生检验需求

实践意图：在建模的基础上，使学生初步体会到模型检验的必要性。

①上节课我们根据解题思路，一步一步地解决问题，最终排出了一天的室外体育课表，接下来我们是否将第一天的课表直接运用于剩下几天呢？你有什么想法？

（不能，因为不知道排出的一天的课表是否满足所有班级都上室外体育课。）

②我们排出的一天课表是否解决了问题？是否合适？

（没有解决，不太合适。）

③那怎么办呢？

（检查一下）

（二）确定检验方案，优化教学模型

实践意图：建立面积模型，并代入真实数据进行计算，培养学生的抽象能力和空间观念，提升学生的计算能力。

①接下来请各小组分别汇报一下本组的排课方案。

（学生分小组汇报。）

②每个组都达到了解决问题的目的，你们认为自己的课表在现有的基础上还能进行完善优化吗？

③相信在听完其他小组的汇报之后，同学们又有了新的想法和思路，下面各小组就讨论一下我们小组的课表还可以怎样来优化。

④哪一个小组来说一说你们的优化思路，或者说一说你们准备从哪些方面进行优化。

（扩大每班场地使用面积、体育课尽量不安排在第一节课、每天的课表变化公平等。）

学生结合场地安排讨论排课方案

（三）课后任务

实践意图：修改、完善课表，积累模型检验的经验。

现在每个小组都有了自己的优化思路，那么本节课的课后任务就是根据优化思路排出一个星期的室外体育课课表，并填写学历单。

"如何利用有限场地统筹安排室外体育课"——第3阶段　　学历单

一、体育课表（周一）

班级\区域 时间											
1											
2											
3											
4											
5											
6											

二、体育课表（周二）

班级\区域 时间											
1											
2											
3											
4											
5											
6											

续表

三、体育课表（周三）

班级 时间 ╲ 区域									
1									
2									
3									
4									
5									
6									

四、体育课表(周四)

班级 时间 ╲ 区域									
1									
2									
3									
4									
5									
6									

五、体育课表(周五)

班级 时间 ╲ 区域									
1									
2									
3									
4									
5									
6									

五、学生作品展示

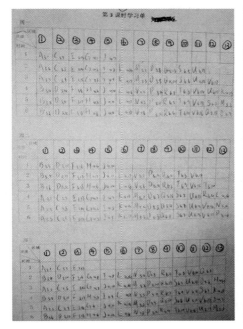

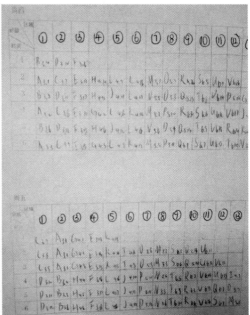

六、教师点评

建模进行到第3个阶段，作为观课教师我们发现，学生逐步积累了建模的经验，自主意识更强了。这个阶段从课堂现场来看，学生在分享上个阶段的课后任务中，无论是排出一天课的分工、方法、成果等都能阐述得非常清楚，表达不完善之处或者有争议之处，其他小组都能及时发现并进行补充。特别让人惊喜的是学生在排这一天的课表时，已经开始思考如何优化课表，有的小组想到体育教师最好不连续上3节课，太累了；有的小组想到有的场地太滑，尽量不考虑使用等。可以看出，数学建模提升了学生全面思考问题的能力。

第4课时 结题阶段

一、学习内容

再次进行模型检验，回顾并反思。

二、学习目标

①在汇报交流中树立成果意识。

②在多次模型检验中学会反思改进，为将来再做类似工作有一个改进、发展的空间打好基础。

③回顾整个建模的过程，体会合作学习的价值和意义，学会拓展思考，开阔视野，感悟数学模型是可以解决很多问题的方法、工具。

三、学习重难点

重点：建模成果的汇报交流和优化改进。

难点：及时反思并提出修改方案。

四、学习过程

（一）成果汇报，小组互动评价

实践意图：通过交流、分享和评价建模成果，培养学生的数学表达能力和成果意识。

相信现在每个小组都已经形成了最终的室外体育课表，接下来就请各小组依次汇报自己的成果，其他同学请认真倾听，希望能在充分理解他们的排课方案的基础上，给出自己的评价。当然，过程中有如果有什么不明白的地方，可以举手提问。

（二）成果推荐，提出改进建议

实践意图：小组互评，提出改进意见，培养学生的表达能力及反思能力。

①听完各小组的汇报，老师感到比之前的排课方案有很大的进步，并且发现大部分学生能用数学语言表达自己的想法和做法。

②现在，我们要选一个方案向学校教导处推荐，用来完善我们现行的体育课表，你更愿意推荐哪个小组的成果？为什么？

（请学生到黑板前面画"正"字投票。）

③你们觉得这个方案还可以再改进优化吗？

（小组讨论。）

④同学们，在我们共同的智慧下，××小组将再次修改完善排课方案，之后我们一起将该成果提交学校教导处，为我校体育排课提出建议。

（三）回顾反思，明确模型意义

实践意图：充分理解整个建模过程并能进行回顾和总结，培养学生全面思考和反思的能力，拓宽学生视野。

①回顾整个解决问题的过程，我们是怎样利用有限场地统筹安排每个班级的室外体育课的呢？

（小组讨论后，归纳总结：理解问题、分析影响因素，进行假设、形成解题思路，搜集数据、计算结果，反思改进。）

②在活动中，我们运用了哪些知识？采用了哪些方法？通过这次活动，你又有什么收获呢？

（提前布置数学周记总结反思，课上小组分享交流，学生自己提取关键词并写在黑板上。）

③你认为自己在这次活动中的表现如何？

（填写自我评价表，全班交流。）

④运用这次活动的解题思路，你觉得还能帮助我们解决什么问题？或者说你还有哪些想要进一步研究的问题？

课堂小结：同学们，我们这次的建模活动就此结束，看到你们的进步和成长，老师感到非常开心，希望以后我们还有机会一起用数学的眼光观察生活、发现问题，用数学的思维和知识来解决问题，用数学的语言来表达自己的想法！

（四）课后任务

实践意图：班级推选出的小组讨论完善最终课表，提交教导处；引导学生感受建模的意义，真实地解决实际问题。

学生需要填写第4阶段学历单。

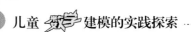
"如何利用有限场地统筹安排室外体育课"——第4阶段　　学历单

一、成果汇报

成果 1

能解决实际问题，满足所有班级上室外体育课。	☆ ☆ ☆ ☆ ☆
小组分工合理，合作有序。	☆ ☆ ☆ ☆ ☆
成果表述准确，解释清楚。	☆ ☆ ☆ ☆ ☆
成果合理有特色。	☆ ☆ ☆ ☆ ☆

成果 2

能解决实际问题，满足所有班级上室外体育课。	☆ ☆ ☆ ☆ ☆
小组分工合理，合作有序。	☆ ☆ ☆ ☆ ☆
成果表述准确，解释清楚。	☆ ☆ ☆ ☆ ☆
成果合理有特色。	☆ ☆ ☆ ☆ ☆

成果 3

能解决实际问题，满足所有班级上室外体育课。	☆ ☆ ☆ ☆ ☆
小组分工合理，合作有序。	☆ ☆ ☆ ☆ ☆
成果表述准确，解释清楚。	☆ ☆ ☆ ☆ ☆
成果合理有特色。	☆ ☆ ☆ ☆ ☆

成果 4

能解决实际问题，满足所有班级上室外体育课。	☆ ☆ ☆ ☆ ☆
小组分工合理，合作有序。	☆ ☆ ☆ ☆ ☆
成果表述准确，解释清楚。	☆ ☆ ☆ ☆ ☆
成果合理有特色。	☆ ☆ ☆ ☆ ☆

成果 5

能解决实际问题，满足所有班级上室外体育课。	☆ ☆ ☆ ☆ ☆
小组分工合理，合作有序。	☆ ☆ ☆ ☆ ☆
成果表述准确，解释清楚。	☆ ☆ ☆ ☆ ☆
成果合理有特色。	☆ ☆ ☆ ☆ ☆

成果 6

能解决实际问题，满足所有班级上室外体育课。	☆ ☆ ☆ ☆ ☆
小组分工合理，合作有序。	☆ ☆ ☆ ☆ ☆
成果表述准确，解释清楚。	☆ ☆ ☆ ☆ ☆
成果合理有特色。	☆ ☆ ☆ ☆ ☆

二、改进建议

1. 如果选出一个更合理、更有特色的成果向学校教导处推荐，你更愿意推荐的成果是(　　　)。

2. 在此基础上，你建议还可以怎样改进?

3. 再次修改完善后，将该成果提交学校教导处，为我校体育排课提出建议。

三、过程回顾

回顾整个解决问题的过程，我们是怎样利用有限场地统筹安排每个班级的室外体育课的?

第一步:理解问题
第二步:……

四、总结反思

1. 在活动中，你运用了哪些知识? 采用了哪些方法?

2. 过这次活动，你有什么收获? 遇到了哪些困难? 是如何解决的?

续表

我用数学周记来总结

五、自我评价

在这次活动中,我的表现是(请把每项后面的☆涂上颜色,涂满5个为做得最好的):

能主动思考,积极参与活动。	☆ ☆ ☆ ☆ ☆
能分工合作。	☆ ☆ ☆ ☆ ☆
能主动交流自己的想法。	☆ ☆ ☆ ☆ ☆
能解释项目成果。	☆ ☆ ☆ ☆ ☆
能主动想办法解决问题。	☆ ☆ ☆ ☆ ☆

六、视野拓展

1. 运用这次活动的解题思路,还能帮助我们解决什么问题?

2. 你还有哪些想要进一步研究的问题?

五、经验分享

本课时教学重难点:组织结题评价。

①提前告知评价标准和结果应用,调动学生积极性,并让学生充分准备。

②投票产生最优成果。

③用关键词分享心得感受。

④课后利用数学周记进行系统总结反思。

⑤成果应用并反馈。(优秀成果推荐给学校教导处,教导处进行表扬并颁发奖状)

学生汇报分享成果

学生投票选出心中最优的课表

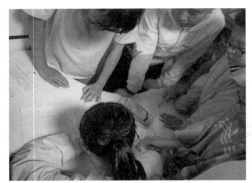

最后选出来的三个优秀成果课后集体讨论

评选出的优秀建模小组

六、学生作品展示

成果 1		成果 2	
能解决实际问题， 满足所有班级上室外体育课。	★★★★★	能解决实际问题， 满足所有班级上室外体育课。	★★★★★
小组分工合理，合作有序。	★★★★★	小组分工合理，合作有序。	★★★★☆
成果表述准确，解释清楚。	★★★★★	成果表述准确，解释清楚。	★★★★★
成果合理有特色。	★★★★★	成果合理有特色。	★★★★☆

成果 3		成果 4	
能解决实际问题， 满足所有班级上室外体育课。	★★★★★	能解决实际问题， 满足所有班级上室外体育课。	★★☆☆☆
小组分工合理，合作有序。	★★★★★	小组分工合理，合作有序。	★★★☆☆
成果表述准确，解释清楚。	★★★★★	成果表述准确，解释清楚。	★★★☆☆
成果合理有特色。	★★★★★	成果合理有特色。	★★★☆☆

在这次活动中，我的表现是（请把每项后面的☆涂上颜色，涂满5个为做得最好的）：

能主动思考，积极参与活动。	★★★★☆
能分工合作。	★★★★★
能主动交流自己的想法。	★★★★☆
能解释项目成果。	★★★★☆
能主动想办法解决问题。	★★★★☆

七、教师点评

作为本次建模活动的最后一个阶段，主要包括四个非常重要的环节：分享成果环节、投票选出最优成果环节、反思分享环节、最后优化并提交教导处。

学生的精彩表现和充分参与给观课教师们留下很深的印象。分享环节，展示的小组准备充分，倾听的小组及时评价，提出自己的看法；投票环节，选出来最优的三个小组；学生们提前写好了数学周记，分享建模过程中的困难、收获；最后选出的三个小组将在课后继续优化模型，并最终向学校教导处汇报。从课堂现场我们看出，学生全程参与了整个建模活动，学生已经培养了数学建模的意识，具备了一定数学建模的能力。

六年级建模活动(二)

合理分摊老房加装电梯费用

第1课时　准备阶段

一、学习内容

在老旧小区步梯房出行难的真实情境中，发现老房加装电梯的难点在于费用分摊。通过分析问题，明确影响合理分摊老房加装电梯费用的因素有哪些。

二、学习目标

①在观看社会新闻的过程中，了解老房加装电梯的争议焦点，发现问题；通过进入为社区设计方案的真实情境，提出实际问题。

②明确合理分摊费用的影响因素，并明确建模的步骤。

③在理解实际问题的过程中，发展理性思维和发现、提出问题的能力。

④在深入社区与居民交流的过程中，培养沟通交流能力。

三、学习重难点

重点：发现问题，并明确影响因素。

难点：明确合理分摊费用的影响因素，并明确建模的步骤。

四、学习过程

（一）参与社区服务，提出实际问题

任务内容：教师随机采访同学，让他们谈谈每天上下楼的感受，引起出行困难的共鸣；再出示社区邀请函，邀请学生参与到社区活动中来。

教师任务：

问题1：同学们，你住几楼？每天上下楼你有什么感受？

问题2：老年人上下这么高的楼会有什么感受？

问题3：我们社区也在努力实施老房加装电梯，想邀请你们参与到加装电梯的计划中来，你们愿意吗？

学生任务：

①学生谈一谈自己每天上下楼的感受，从自己联想到老人，思考老人的感受。

②学生读一读邀请函的内容，明确自己要参与的社区服务是什么。

设计意图：通过学生谈自己在步梯房上下楼的感受，引起共鸣，接着展示社区邀请函，让孩子加入其中。

（二）观看社会新闻，发现争议焦点

任务内容：学生通过观看社会新闻，发现争议的焦点就是"费用难分摊"的问题，并明确我们要解决的问题就是：如何合理分摊加装电梯费用？

教师任务：

问题1：新闻讲述了怎样一件事情？

问题2：新闻里面的人在争论什么？

问题3：费用分摊，是不是随意计算一个费用就可以了？

学生任务：

①学生观看视频，发现新闻讲的是老房加装电梯的事情。

②学生发现居民争议的焦点都围绕着钱如何分摊。

③学生讨论发现在计算费用的时候要做到公平公正，从而明确要解决的问题：如何合理分摊加装电梯费用。

设计意图：通过观看新闻视频，引导学生发现老房加装电梯不仅仅是小区问题，更是一个社会问题，通过新闻一步一步引导孩子发现我们要解决的问题就是如何合理分摊加装电梯费用。

（三）分析问题，提炼影响因素

任务内容：整体分为两部分，一是思考影响合理分摊加装电梯费用的因素有哪些；二是定义"合理"，即思考什么才是"合理"。

教师任务：

问题1：你认为影响合理分摊加装电梯费用的因素有哪些？请你完成学习单。

问题2：教师根据学生贴在黑板上的因素，从是否可量化、是否是变量入手追问，这个因素一定会影响吗？我们能不能进行测量？这个量是一定的吗？哪些是主要因素？哪些是次要因素？

问题3：如果你是小区居民，你认为怎样才能合理分摊费用？完成任务单。

问题4：那你们对合理的定义相同吗？

学生任务：

①学生完成学习单，写出影响因素，比如楼层数、每户人家的楼层高矮、每户人家住的时间、梯户数、电梯费用、房子的面积等。

②组内讨论，选择最重要的三个影响因素贴到黑板上。

学习单（一）

姓名：姚舒予   班级：6.1

活动一：你认为"合理分摊加装电梯费用"的影响因素有哪些？

答：因素1：每户人家住的楼层高矮。

因素2：每户人家住的时间。

因素3：电梯总费用。

学生分享影响因素　　　　　　　　关于影响因素的学习单

③全班交流，确定主要影响因素：梯户比、电梯费用、楼层数。

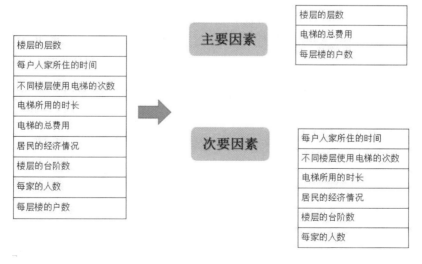

学生总结出的主要因素和次要因素

④学生写出自己对合理的定义，有的学生认为平均分是合理的，有的同学认为楼层越高费用应该越高，有的学生认为一楼不给钱，有的学生认为一楼、二楼都不给钱就是公平的。

⑤学生通过全班交流发现每个人对合理的定义不同，确定什么是合理也是一个主要的影响因素。因此，我们要先界定合理。可以通过访谈居民确定合理的定义。

活动二：如果你是小区居民，你认为怎样才是合理的？

一楼不付费，其他楼层平均分

如果你是小区居民，你认为怎样才是合理的？

答：我认为高层的人应该分的多，底层的应该分的少。因为，每层楼都要用电梯。但是高层的就比底层的用的电就要多，电越多交得钱就越多。

关于什么是"合理"的学习单

设计意图：借助学习单，帮助学生厘清影响因素，通过漏斗式三轮筛选，从初筛——个人独立思考，到细筛——小组合作讨论，最后到精筛——全班汇总交流，帮助学生一步步厘清主次因素；又利用设身处地、全员参与，发现观点冲突，从而进一步明确我们的影响因素是什么。

（四）思考联系，明确建模步骤

任务内容：通过学习单帮助学生理清楚我们如何解决合理分摊加装电梯费用这个问题的思路，从而明确建模步骤。

教师任务：

问题1：我们到底如何来解决这个问题呢？

子问题：我们第一步要做什么？第二步呢？

问题2：我们现在要做的第一步是什么？我们需要搜集哪些信息和数据？

子问题：现在你能根据要搜集的信息，列一个走进社区采访和了解情况的访谈提纲吗？

学生任务:

①学生完成学习单。

问题一:你们打算如何解决"合理分摊加装电梯费用"这个问题?

第一步 [   ]

第二步 [   ]

第三步 [   ]

第四步 [   ]

第五步 [   ]

第六步 [   ]

第七步 [   ]

关于解决实际问题的学习单

②全班交流后,明确步骤:①访谈,搜集数据;②明确合理的原则;③计算费用;④建立数学模型;⑤模型检验,调整改进;⑥完善费用分摊方案。

③学生列出访谈提纲并汇报:访谈的问题是什么,目的是什么。

设计意图:在解决这个问题之前帮助学生具有整体意识,知道解决这个问题的具体步骤是什么。学生整体把握解决方法。接着,教师为课后安排做铺垫,指导学生搜集数据,采用3W1H(What——搜集哪些数据?How——怎样搜集?Who——向谁搜集?Where——在哪搜集?)策略。

活动三:你需要获得哪些数据和信息才能够计算每户的费用?(小组)

需要的数据或信息	获得的途径
电梯总费用	问装修公司。
楼层数	问物业,实地调查。
楼层总高,每层楼的户数.	问物业,实地调查.
装修一部电梯要花的钱.	问公司.
每多加一层楼要多加多少钱.	访谈,问公司,搜百度.

活动四：你能根据要收集的信息或数据，列一个走进社区采访和了解情况的访谈提纲吗？

访谈提纲.

询问公司.

1. 电梯总费用，每多加一层电梯要花的钱.

问物业.

1. 这栋楼的层数是多少？每层楼的户数有多少户？你认为······

问居民.

1. 你对分摊费用有什么想法？ 2.你觉得应该怎样处理合理分配？

3.你希望自己付多少钱？为什么？

关于数据搜集的学习单

（五）课后安排

①上网查阅关于老房加装电梯的政策，了解成功经验和注意问题。

②完善课堂上的整体方案，梳理需要的数据或要素。

③实地走访小区，询问居民对合理分摊电梯费用的意见，并了解小区的基本情况及费用分摊所需数据。

（六）教师课后辅导

①提醒学生要进行小组分工。

②对学生的访谈提纲做指导。

第2课时　审题阶段

一、学习内容

分析访谈的内容、查阅的数据，提出具体的假设，审视实际问题，提炼数学问题，形成解题基本思路。

二、学习目标

①通过分析访谈内容和查阅所得数据，提出假设，明确合理分摊费用的原则。

②通过对平均数、分数、倍数、份数等知识的运用，形成合理分摊费用的基本思路。

③在假设的前提下，提炼出数学问题，形成解决问题的基本思路，培养学生分析和解决问题的能力。

三、学习重难点

重点：审视实际问题，提炼数学问题，形成结题基本思路。

难点：分析访谈内容和查阅的数据，提出具体的假设，明确合理分摊费用的原则。

四、学习过程

（一）分析数据，提出假设

任务内容：学生分小组上来分享他们的访谈结果，明确建模所需要的数据，以及明确合理的定义——楼层越高分摊费用越多，且一楼不分摊费用。

教师任务：

①请每个小组上来分享你们搜集到的数据。

②每个小组上来谈一谈居民认为什么才是合理分摊费用？

学生任务：

①学生分享搜集到的数据，包括访谈所得的数据和汇总之后的观点。学生调查来的数据较为统一，包括电梯总费用40万元、补贴20万、居民需要支付20万元、楼层数是7层、每层楼2户。

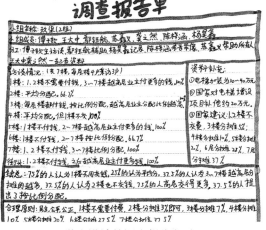

学生设计的调查报告（一）

②小组分享受访的居民认为怎样才是合理分摊费用主要有两种观点：平均分和楼层越高费用越高。同学各抒己见，提出自己的想法。最后，学生发现受访的居民中提出平均分的大多是高楼层的居民，存在利己成分。

调查报告

组长：张紫萱

组员：李柯玥、易芯蕾、赖奕霖、姜艺歆、银婧希、姚馨危、李雨鉴

资料：

一部电梯40万元，国家补贴20万元

东光小区一栋7层，一层4户

国家标准：1楼0%，2楼4%-6%，3楼8%-10%，4楼13%-15%，5楼18%-20%，6楼23%—25%，7楼28%-30%

我们组一共调查了24户

1楼：1楼不付，越高越贵　平均分　越高越贵，一楼不付　不安

2楼：按相对规定付　不安　不安　越高越贵　越高越贵

3楼：越高越贵　不安　越高越贵

4楼：越高越贵　越高越贵　平均分

5楼：越高越贵　越高越贵　越高越贵

6楼：平均　平均　越高越贵

7楼：平均　平均　平均

最后我们组通过调查认为1楼不付费，后面越高越贵。

越高越贵50%

平均分~~29.7%~~29.15%

不安15%

按相对规定付4.15%

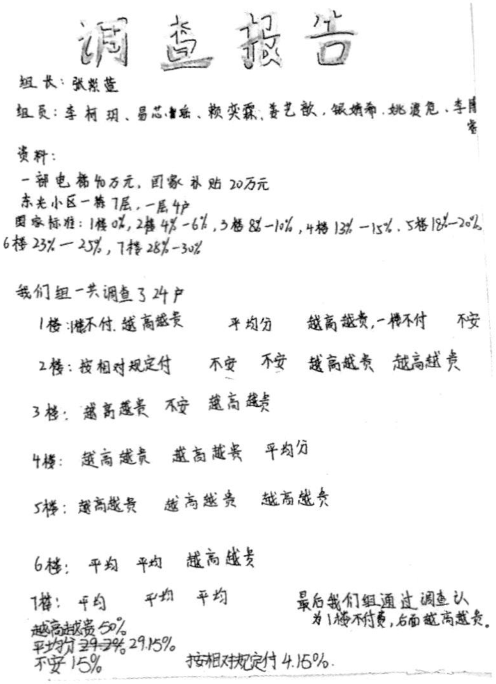

学生设计的调查报告(二)

③全班达成共识，认为合理的定义是，一楼不给钱（没有需求），楼层越高费用越高（需求越大，分摊越高）。

设计意图：学生通过访谈、查阅资料等方法了解到解决问题所用的基本数据，通过对访谈结果的统计和深层次分析，明确合理的定义，提出假设。

（二）聚焦本质，提炼数学问题

任务内容：通过问题提出帮助学生明确我们要解决的数学问题到底是什么。

教师任务：

问题：现在我们基本数据明确了，也建立了合理的原则，那么我们要求合理分摊加装电梯的费用，其实是要求什么呢？

子问题：哪些量是确定的？我们的要求是什么？

小结：我们需要在合理的原则上去计算出每层楼的费用，就是总量一定，求部分量。

学生任务：

学生在电梯费用一定的前提下，计算出每户人家分摊的费用。

设计意图：明确我们要解决的数学问题是什么，为后续建立数学模型奠定基础。

（三）明确标准，理解评价方案

任务内容：通过师生讨论一份优秀的费用方案应该包含什么，帮助学生在实施前明确标准。

教师任务：

问题：在计算费用之前，我想跟大家交流一下，最后还需要检验我们的方案，同时也希望给我们社区提供一份优秀的方案。那么，你认为怎样的方案才是一份优秀的方案？

学生任务：

小组之间相互讨论：优秀的费用分摊方案需要满足哪些条件？

条件1：算法的合理性，这个算法满足合理的定义吗？

条件2：算法的公平性，这个算法公平吗？

条件3：算法的可行性，这个算法能不能够具体去实施？

条件4：算法的简便性，这个算法简不简便？

条件5：方案的完整性，最后做出来的方案完不完整？

设计意图：评价先行，通过和同学们共同制定评价标准，让学生在实施前明确目标。

（四）课后安排

①借助学习单，思考如何计算每家住户分摊的费用。

②制作PPT，以小组为单位汇报每组的计算方法。

问题三：你们打算如何计算每家住户分摊的费用？

第一步　确定 4楼为一倍

第二步　确定每层楼的倍数

第三步　计算每倍钱数

第四步　计算每层的钱数

第五步　

第六步　

第七步　

问题三：你们打算如何计算每家住户分摊的费用？

第一步　获取每层居民认为合适的钱数的数据(一楼不给)

第二步　将2楼归为一类、3楼归为一类4、5、6、7楼以此类推

第三步　将2、3、4、5、6、7楼可以凑成20万的分为一组.

第四步　再根据居民意见选择一种合适方案.

第五步　再次进行验算并改进

第六步　算出结果.

第七步　

关于费用计算的学习单

第3课时　实施阶段

一、学习内容

计算出老房加装电梯每层楼的分摊费用，建立数学模型，解决合理分摊老房加装电梯费用的问题。

二、学习目标

①通过进行相关的数学计算、数据分析及推理，建立数学模型，培养学生的模型思想和归纳概括能力。

②通过对倍数、份数、百分数等的对比，找出解决此类问题的方法，形成整体模型，培养学生的模型思想。

三、学习重难点

重点：通过相关的数学计算，推算出每层楼的分摊费用，并建立数学模型。

难点：建立数学模型。

四、学习过程

（一）小组分享，建立数学模型

任务内容：六个小组分别上台分享自己计算费用的方法，分别有凑数、份数、倍数、百分比等方法。

教师任务：

问题1：在合理的原则下，每家住户到底分摊多少费用？

（教师在学生汇报后追问问题2和问题3。）

问题2：你计划先做什么？再做什么？

问题3：你是如何确定两层楼相差多少费用的呢？

学生任务：

每组上来介绍自己的方法，下面将分别介绍。

①凑数组

凑数组的同学根据调查得到的每层楼的费用，也就是说他们采访了每一层楼的居民，每个居民都给出了自己可以接受的一个价格，然后每层楼就会有很多的价格，最后取每层楼的平均数。比如，五楼的居民给出的价格有2.8万元、3万元、2.7万元，我们求平均数就是2.8万元。计算出每层楼的平均数之后，再不断调整以满足合理的标准，且整个过程需要满足每层楼的费用是逐层递增，以及总数加起来等于20。所以，其建立的数学模型就是 $A=a_1+a_2+a_3+a_4+a_5+a_6$（$A$ 表示加装电梯的总费用，a_1 表示二楼需要分摊的费用，a_2 表三楼需要分摊的费用，以此类推），楼层差是自己确定的。

最终确定的钱

2楼：0.2+0.5+0.5=1.2万元　　1.2÷3=0.4万元　　0.5万元

3楼：0.8+1+1=2.8万元　　2.8÷3=0.9万元　　1万元

4楼：1.8+2+1.8=5.6万元　　5.6÷3=1.9万元　　2万元

5楼：3+2.8+2.7=8.5万元　　8.5÷3=2.8万元　　3万元

6楼：5+5.3+5.5=15.8万元　　15.8÷3=5.3万元　　5.5万元

7楼：8+8.3+7.8=24.1万元　　24.1÷3=8万元　　8万元

凑数组展示方案　　　　　　　　　　　凑数组设计的方案

②份数组

份数组的同学是认为每层（除一层）的楼梯数是一样的，那么每增加1层楼就应该增加相应的费用，二楼住户只需要上一层楼，那么二楼是1份，每增加一层楼增加1份，比如三楼就是2份，四楼就是3份；然后，把每层楼的份数加起来就是总份数；最后，总份数乘标准每份数就等于总数。所以，满足的模型就是总数=每份数×份数（$A=a_1×N$，A表示加装电梯的总费用，a_1表示每份数，N表示份数），其楼层差是根据楼梯数来定的。

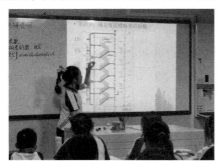

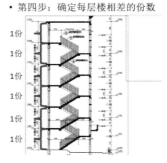

份数组展示方案　　　　　　　　　　份数组设计的方案

③倍数组

倍数组则将二楼作为标准，设为1倍数，然后每增加一层楼增加相应的倍数。但是，之后他们认为相差1倍太多了，并认为相差倍数需要考虑居民需求，所以通过调查访谈最终定为是0.2倍。他们确定二楼就是1倍数的价格 a，三楼就是 $1.2a$ 以此类推，最终加起来需要等于总数。若相差倍数 b 为0.2，则数学模型化简为 $A=6a+2.8a$；若 b 也不确定，他们的模型是 $A=6a×14ab$。

2楼费用+3楼费用+4楼费用+5楼费用+7楼费用=总费用

↓

a1+a2+a3+a4+a5+a6=A(20w)

接下来我们介绍求一倍数的方法：

我们的方法建立于公式为——2楼+3楼+4楼+……7楼的费用等于总费用

用代数模型表示：A1+……A6=A(20万元)

然后我们根据两楼之间相差0.2倍方法算出：
每层楼的倍数2楼0.2……7楼1.4。

倍数组展示方案　　　　　　　　　　　倍数组设计的方案

④百分比组

百分比组查阅了国家相关政策，发现它们大多是用百分比计算电梯分摊费用。于是，他们就用了百分比的方式：先确定每层楼占的比例，然后用总费用乘以每层楼所占比例得到每层楼的费用，即 $a_1 = A \times b_1\%$

第二步:确定百分比

• 确定每层楼所给的百分比
• 1、查阅国家政策：3层分摊8%，4层分摊20%，5层分摊31%，6层分摊41%
• 2、询问业主意见并进行修改
• 3、确定百分比：$b_1\%$，$b_2\%$，$b_3\%$，$b_4\%$，$b_5\%$，$b_6\%$
• 2层分摊1%，3层分摊5%，4层分摊10%，5层分摊20%，6层分摊30%，7层分摊34%；

百分比组展示方案　　　　　　　　　　百分比组设计的方案

⑤比组

比组相对比较复杂，他们第一步先确定楼层差：每一层楼的楼层差依次增加1，也就是二楼和三楼相差1，三楼和四楼相差1+1=2，四楼和五楼相差1+1+1=3，五楼和六楼相差1+1+1+1=4，六楼和七楼相差1+1+1+1+1=5；第二步确定比：学生们确定的最终比例是二楼为1，三楼为1+1=2，四楼为2+2=4，五楼为4+3=7，六楼为7+4=11，七楼为11+5=16，即 $b_1 : b_2 : b_3 : b_4 : b_5 : b_6 = 1 : 2 : 4 : 7 : 11 : 16$。该小组建立的模型就是 $a_1 = \dfrac{A \times b_1}{b_1 + b_2 + b_3 + b_4 + b_5 + b_6}$（$a_1$ 表示二楼分摊的费用，A 表示加装电梯的总费用）。

比的最终呈现应该是"二楼：三楼：四楼：五楼：六楼：七楼"方式所以要跟根据上一步的方法求出每一项（每层楼）在比中是多少。
二楼：1
三楼：1+1=2
四楼：2+（1+1）=4
五楼：4+（1+1+1）=7
六楼：7+（1+1+1+1）=11
七楼：11+（1+1+1+1+1）=16
通过以上红色部分，确定比为："1：2：4：7：11：16"
则得出：b1：b2：b3：b4：b5：b6=1：2：4：7：11：16

比组展示方案　　　　　　　　　　　　比组设计的方案

设计意图：学生分享自己的想法，通过追问帮助学生明确我们要先确定标准，然后确定相差的量，同时关注相差的量是怎样确定的。

（二）归纳概括，建立整体模型

任务内容：教师引导学生对比上述5种方法，思考有什么相同点和不同点。
教师任务：
问题：比较以上的分摊方法，你能发现它们的相同点吗？又有什么不同点呢？

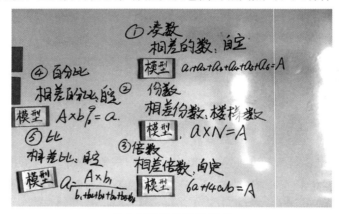

各小组设计的数学模型

学生任务：
①学生观察发现每个组都是先确定标准，然后找相差的数，求标准层费用，最后求每层费用和每户费用。
②不同点就是相差的数确定的方法不一样，有些有依据，有些就是自己定的。
设计意图：对比不同的方法，帮助学生明确解决问题的方法，建立整体模型。同时，帮助学生点明改进的方向。

（三）课后安排

①组间对照评价量表，进行相互评价并提出建议。

②对比不同组访谈的教师、居民、社区工作人员的访谈内容，进行评价并提出建议。

第4课时　检验与反思阶段

一、学习内容

交流设计方案，基于评价标准，检验数学模型，提出改进建议。并回顾整个数学建模过程，明确模型意义，积累模型经验。

二、学习目标

①通过同学、教师、居民的评价，提出改进建议。

②通过不断优化合理分摊费用方案，加强学生对运筹概念的理解和运筹思想的形成。

③借助思维导图对整个建模过程进行回顾，明确数学建模的意义，有助于学生形成模型思想，提高学生学习数学的兴趣和应用意识。

三、学习重难点

重点：回顾整个建模过程，明确建模的意义，形成建模思想。

难点：检验数学模型，提出改进建议。

四、学习过程

（一）模型检验，提出改进建议

任务内容：各个小组整理搜集到的建议，并说一说自己打算如何改进。

教师任务：

问题：现在我们请几个小组上来分享他们是如何检验模型的以及改进的措施。

学生任务：

①对照评价量表，将他人对自己的评价进行总结和汇报。比如：凑数组就认为自己的公平性有待商榷，比组就认为自己算法的简便性不强。

评价量表

维度	内容	标准	自评	同学评	社会人士评
结果	算法合理性	☆☆☆			
	算法公平性	☆☆☆			
	算法可行性	☆☆☆			
	算法简便性	☆☆☆			
	方案完整性	☆☆☆			

②学生对比国家政策和受谈居民对自己方案提出的建议进行优化改进。例如：百分比组的同学发现他们相差的百分数很奇怪，五楼到六楼相差百分之十，六楼和七楼只相差百分之四，而国家政策基本上相差不多，所以他们进行了调整，保证每层楼的百分比相差不多。

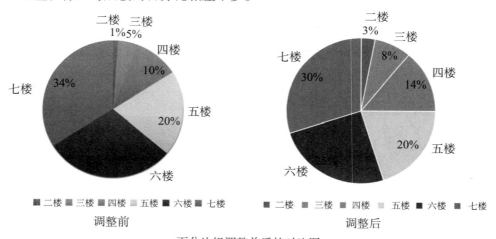

百分比组调整前后的对比图

设计意图：学生通过对比评价标准对自己的算法进行评价，又通过上下交互，即查政策又考虑当地的情况来改进自己的措施，不断对方案进行优化。

（二）回顾全程，明确建模意义

任务内容：学生画思维导图，回顾整个过程，谈感受，谈数学建模有什么作用，讨论数学建模的思想可以用到生活中哪些地方，讨论这种费用分摊方案的数学模型可以用到生活中哪些地方。

教师任务：

问题1：请同学们上来分享你们的思维导图，以及整个建模过程中让你印象最深刻的事情。

问题2：合理分摊加装电梯费用的数学模型可以用到生活中其他哪些地方呢？

问题3：数学建模可以用到生活中哪些地方呢？

学生任务：

①学生分享，有部分同学分享建模的全过程，有部分学生分享算法的过程。

具体计算费用过程

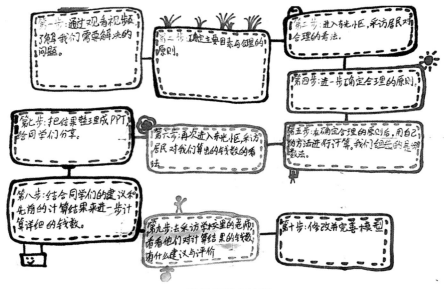

数学建模全过程

②学生思考生活中哪些地方会用到已知总数求部分的问题。

③学生思考我们生活中还有哪些问题需要建立模型解决。

设计意图：学生能够将解决费用分摊问题的过程表达清楚，并列举出生活中哪些问题可以用到已知总数求部分的方法。同时，学生能够回忆起建模的全过程，并且迁移到生活的其他情境中。有助于学生实现将学科迁移到生活，使特殊回归到一般。

后　记

　　《儿童数学建模的实践探索》一书，是在成都市锦江区教育局的大力支持下，在成都市锦江区教育科学研究院的引领下，由成都市锦江区外国语小学校和成都市盐道街小学卓锦分校两个学校共同完成。两所学校的教师思考与寻找适合不同年龄段的建模项目，形成合理且有意义的小学数学建模课程。数学建模活动能让学生投身于现实情景，在活动中形成发现问题、提炼模型、问题数学化、计算求解、评价和反思等能力，体验数学在解决实际问题中的价值和作用，促使学生数学建模能力不断提高。在本书的形成过程中，得到了王尚志教授、张丹教授、商红领老师、井兰娟老师的指导和帮助。本书的数学建模案例都是老师们在实践中的原创，其中选题部分由冯童、张希、李鑫、康正琼提供并撰写；开题部分由周娟、邱寅、吴楠楠、唐超、鲁晓红、廖天玥、代升越、王郑懿提供并撰写；做题部分由张亚丽、宋艺、杨婷、余何婷、张越、徐翠、银丹凤、李颜、钟婷婷、杨茜提供并撰写，结题部分由陈嵘、叶周、晋媛婧、李华、杨蕾提供并撰写。项目精选部分，一年级的《我是仓库整理师》由李鑫、康正琼撰写，二年级的《学校放学时序优化管理》由吴楠楠、唐超、鲁晓红撰写，三年级的《迎新树怎么摆放》由陈嵘、叶周撰写，四年级的《校园花圃可以摆多少盆花》由张亚丽、宋艺撰写，五年级的《对校园空地进行泊车规划》由杨婷、余荷婷、张越撰写，六年级的《如何利用有限场地统筹安排室外体育课》由李颜、钟婷婷、杨茜撰写，六年级的《合理分摊老房加装电梯费用》由冯童、张希撰写。全书由陈利、冯童、李鑫统稿，文芳、徐丹审稿，陈利、李颜、杨婷组织实施。